全国优秀教材一等奖

 "十四五"职业教育国家规划教材

 "十三五"江苏省高等学校重点教材

先进组态控制技术及应用

| 第二版

XIANJIN ZUTAI
KONGZHI
JISHU JI
YINGYONG

杨润贤 杨 丽 主编

王 斌 主审

化学工业出版社

·北京·

本教材基于纸质媒体+移动互联网+数字媒体资源等进行修订，以"组态"与"应用"的教学目标为核心，以MCGS（国内）、WinCC（国外）通用组态软件，和MACS（国内）、CENTUM（国外）专业组态软件为主要教学情境，按照案例导入、需求分析、任务单设计、组态实施、运行测试、小试牛刀、融会贯通、照猫画虎和能力测评的逻辑组织架构，并辅以多样化的数字多媒体碎片化资源，提高学习效果。

可作为高职高专院校电气自动化技术、生产过程自动化技术、机电一体化技术等相关专业的教材，也可作为组态软件自学教材或培训教材，还可供从事工控应用开发的工程技术人员参考。

图书在版编目（CIP）数据

先进组态控制技术及应用/杨润贤，杨丽主编．—2版．—北京：化学工业出版社，2019.9（2023.9重印）
ISBN 978-7-122-35207-1

Ⅰ．①先…　Ⅱ．①杨…②杨…　Ⅲ．①自动控制-高等职业教育-教材　Ⅳ．①TP273

中国版本图书馆CIP数据核字（2019）第209229号

责任编辑：廉　静　　　　　　　　　　　装帧设计：史利平
责任校对：宋　玮

出版发行：化学工业出版社（北京市东城区青年湖南街13号　邮政编码100011）
印　　装：河北京平诚乾印刷有限公司
787mm×1092mm　1/16　印张16　字数354千字　2023年9月北京第2版第3次印刷

购书咨询：010-64518888　　　　　　　售后服务：010-64518899
网　　址：http://www.cip.com.cn
凡购买本书，如有缺损质量问题，本社销售中心负责调换。

定　　价：58.00元

版权所有　违者必究

前言

本教材以立德树人为根本任务，注重知识传授与技术技能培养并重，强化学生职业素养养成，基于"岗课赛证"培养高素质技术技能人才，第二版荣获首届全国教材建设奖全国优秀教材一等奖。

二十大报告提出"加快发展数字经济，促进数字经济和实体经济深度融合"，本教材讲授的先进组态软件主要是指数据采集与过程控制的专用软件，提供自动控制系统监控层一级的软件平台和开发环境，使用灵活的组态方式，为用户提供快速构建工业自动控制系统监控功能的、通用层次的软件工具，使得工控开发变得简单而高效，大幅度缩短了开发时间，是新一代信息技术与各产业结合形成数字化生产力和数字经济的主要数字技术。目前，市场上组态软件产品多样，在上位机监控系统中，尤以北京昆仑通态自动化软件科技有限公司（做神州工控先锋，创民族软件精华）MCGS和德国西门子公司SIMATIC WinCC为国内外过程监视系统软件的典型代表；在工控机系统组态中，中国自主品牌DCS在市场的占有率大幅提升，我国和利时集团（带领从中国制造走向中国创造）HOLLIAS MACS组态软件具有较大影响和应用范围，日本横河电机株式会社的CENTUM组态软件则作为国外工业控制领域的典型代表。本教材内容选取既满足专业人才培养服务面向的职业岗位需求，又兼顾国内外技术发展与市场应用需求，设计有MCGS、WinCC、MACS和CENTUM四个教学情境。

本教材是融纸质媒介与数字资源于一体的新形态教材，编写体系完整，运用二维码技术，不仅融入全国职业院校技能大赛装备制造大类赛项对上位机组态技术技能要求，建设有丰富的多样化、颗粒化教学资源，而且以"爱国主义教育、工匠精神培养和职业素养养成"为思政教育主线，建设有丰富的"素质拓展阅读"学习资源。基于MCGS、WinCC、MACS和CENTUM国内外典型的先进组态控制技术，引入企业案例工程，将工程项目分析、架构设计、组态实施和运行测试的专业知识与操作技能贯穿于教学情境的学习。教学情境先以知识树的形式呈现学习脉络，案例工程再以任务驱动构建内容，并通过数字资源，以"小试牛刀""融会贯通""照猫画虎"等小模块，将知识、方法、技术与具体的活动联系起来，寓教于乐。

本教材由扬州工业职业技术学院杨润贤、杨丽担任主编，扬州工业职业技术学院花良浩、周杰、陶涛担任副主编，扬州工业职业技术学院薛亚平及合作企业技术人员共同参编完成。杨润贤编写教学情境一，周杰编写教学情境二，花良浩编写教学情境三，陶涛编写教学情境四；教学情境的案例工程分别由杭州和利时有限公司、江苏华伦化工有限公司等支持提供；数字资源素材由扬州工业职业技术学院杨丽、唐明军、薛亚平、高杨和高宁等人完成；审稿由扬州工业职业技术学院王斌完成，在此一并表示感谢。

限于编者水平，书中不妥之处在所难免，敬请广大读者批评指正。

编　者

目 录

绪论

【组态软件概念】

组态（Configuration）是指根据设计要求，应用软件中提供的工具、方法，预先将硬件设备和各种软件功能模块组织起来，完成工程中某一具体任务的过程，以使系统按特定的状态运行。

组态包括硬件组态和软件组态两个方面，通常意义上所说的组态指软件组态。

组态软件在国内是一个约定俗成的概念，并没有明确的定义，它可以理解为"组态式监控软件"。在这里，"组态（Configure）"的含义是"配置"、"设定"、"设置"等意思，是指用户通过类似"搭积木"的简单方式来完成自己所需要的软件功能，而不需要编写计算机程序，也就是所谓的"组态"。它有时候也称为"二次开发"，组态软件就称为"二次开发平台"。"监控（Supervisory Control）"，即"监视和控制"，是指通过计算机信号对自动化设备或过程进行监视、控制和管理。

组态软件的应用领域很广，可以应用于电力系统、给水系统、石油、化工等领域的数据采集与监视控制以及过程控制等诸多领域。

组态软件是有专业性的，一种组态软件只能适合某种领域的应用。组态的概念最早出现在工业计算机控制中，如：集散控制系统（Distributed Control System, DCS）组态、PLC（可编程控制器）梯形图组态。但又不仅仅局限于此，在其他行业也有组态的概念，如AutoCAD，PhotoShop等，不同之处在于，工业控制中形成的组态结果用在实时监控。从表面上看，组态工具的运行程序就是执行自己特定的任务。

素质拓展阅读

使用正版组态
软件，增强
版权意识

【常用组态软件】

组态软件有通用组态软件和专用组态软件。

1.常用组态软件

目前市场上的组态软件很多，常用的几种组态软件如下。

① InTouch　美国Wonderware公司率先推出的16位Windows环境下的组态软件。InTouch软件图形功能比较丰富、使用方便、I/O硬件驱动丰富、工作稳定，在国际上获得较高的市场占有率，在中国市场也受到普遍好评。7.0版本及以上（32位）在网络和数据管理方面有所加强，并实现了实时关系数据库。

② FIX系列　美国Intellution公司开发的一系列组态软件，包括DOS版、16位Windows版、32位Windows版、OS/2版和其他一些版本。它功能较强，但实时性欠缺。最新推出的iFIX全新模式的组态软件，体系结构新、功能更完善，但由于过分庞大，

笔记

多余系统资源耗费非常严重。

③ WinCC 德国西门子公司针对西门子硬件设备开发的组态软件WinCC，是一款比较先进的软件产品，但在网络结构和数据管理方面要比InTouch和iFIX差。若用户选择其他公司的硬件，则需开发相应的I/O驱动程序。

④ MCGS 北京昆仑通态公司开发的MCGS组态设计思想比较独特，有很多特殊的概念和使用方式，有较大的市场占有率。它在网络方面有独到之处，但效率和稳定性还有待提高。

⑤ 组态王 北京亚控公司在国内出现较早的组态软件，以Windows 98/Windows NT4.0中文操作系统为平台，充分利用了Windows图形功能的特点，用户界面友好，易学易用。

⑥ ForceControl 大庆三维公司的ForceControl（力控）也是国内较早出现的组态软件之一，在结构体系上具有明显的先进性，最大的特征之一就是其基于真正意义的分布式实时数据库的三层结构，且实时数据库为可组态的"活结构"。

2. DCS组态软件

组态软件起源于DCS，而每一套DCS都是比较通用的控制系统，可以应用到很多领域中。为了使用户在不需要编代码程序的情况下便可生成适合自己需求的应用系统，每个DCS厂商在DCS中都预装了系统软件和应用软件，而这类专用的应用软件实际上就是组态软件，但一直没有组织或者机构给出明确的定义，只是将使用这种用于软件生成目标应用系统的过程称为"组态"或"做组态"。

国内DCS主要厂家有：上海新华，南京科远自动化集团股份有限公司，杭州优稳，浙江中控，和利时，浙江威盛，自仪股份、鲁能控制，国电智深，上海华文，上海乐华，正泰中自等。

国外DCS主要厂家有：西屋公司、艾默生、FOXBORO、ABB、西门子、霍尼韦尔、横河、罗克韦尔、山武—霍尼韦尔公司、FISHER-ROSEMOUNT公司等。

① MACS 是集成在和利时（HollySys）中的分布式控制系统，采用"平台+开发"的软件结构，平台软件负责采集和处理数据，并提供各种接口和服务，再根据不同的应用要求定制开发应用界面、算法库、符号库各组件，与各个版本共用一个平台，目前包括两种型号：HOLLiAS MACS-S系统和MACS-K系统。

② CENTUM 是日本横河机电株式会社（YOKOGAWA），在工业自动化市场上推出的系列DCS控制系统，如CENTUM-V、CENTUM-XL、CENTUM-CS等，特别是基于PC系统的CENTUM-CS3000、CS1000等控制系统，其人机接口的工作平台为用户更熟悉的、易于操作和使用的Windows NT环境，组态和监控界面也为窗口式的管理方式，从而将DCS功能同PC机WINDOWS系统的易于操作性相结合，随着WINDOWS操作系统的发展，横河DCS CS1000/CS3000系统也不断地更新为基于相应WINDOWS的各种版本。

本书主要以MCGS、WinCC通用组态软件，和MACS、CENTUM专业DCS组态软件为主要内容进行介绍。

【系统组态过程】

基于组态软件的工控系统的一般组建过程如下。

① 组态软件的安装。按照要求正确安装组态软件，并将外围设备的驱动程序、通信协议等安装就绪。

② 工程项目系统分析。首先要了解控制系统的构成和工艺流程，弄清被控对象的特征，明确技术要求，然后再进行工程的整体规则，包括系统应实现哪些功能，需要怎样的用户界面窗口和哪些动态数据显示，数据库中如何定义哪些数据变量等。

③ 设计用户操作菜单。为便于控制和监视系统的运行，通常应根据实际需要建立用户自己的菜单以方便操作，例如设立按钮来控制电动机的启/停。

④ 画面设计与编辑。画面设计分为画面建立、画面编辑和动画编辑与链接几个步骤。画面由用户根据实际工艺流程编辑制作，然后需要将画面与已定义的变量关联起来，以便使画面上的内容随生产过程的运行而实时变化。

⑤ 编写程序进行调试。程序由用户编写好之后需进行调试，调试前一半要借助于一些模拟手段进行初调，检查工艺流程、动态数据、动画效果等是否正确。

⑥ 综合调试。对于系统进行全面的调试后，经验收方可投入试运行，在运行过程中及时完善系统的设计。

教学情境一
MCGS 系统组态技术及应用

资源 1.1
微课 - 初识
MCGS

素质拓展阅读

昆仑通态，做神
州工控先锋，创
民族软件先锋

　　MCGS（Monitor and Control Generated System，监视与控制通用系统）是北京昆仑通态科技有限责任公司研发的一款基于 Windows 平台的，用于快速构造和生成上位机监控系统的组态软件，以下简称 MCGS 工控组态软件或 MCGS。MCGS 是为工业过程控制和实时监测领域服务的工控组态软件，通过对现场数据的采集处理，以动画显示、报警处理、流程控制和报表输出等多种形式，支持国内外众多数据采集与输出设备，向用户提供解决实际工程问题的方案。它充分利用了 Windows 图形功能完备、界面一致性好、易学易用的特点，通用性使得其在自动化领域有着更广泛的应用，如石油、电力、化工、钢铁、矿山、冶金、机械、纺织、航天、建筑、材料、制冷、交通、通讯、食品、制造与加工业、水处理、环保、智能楼宇、实验室等多种工程领域。

　　目前，MCGS 组态软件已经成功推出了 MCGS 通用版组态软件、MCGS WWW 网络版组态软件和 MCG SE 嵌入版组态软件，其中，网络版支持 Web 发布功能，便于远程监控，嵌入版主要用于触摸屏等嵌入式设备，且嵌入版和网络版是在通用版的基础上开发的，这三个版本的功能与编程方法基本相同，完美结合，融为一体，形成了整个工业监控系统的从设备采集、工作站数据处理和控制、上位机网络管理到 web 浏览的所有功能，很好地实现了自动控制一体化的功能。嵌入版和网络版是在通用版的基础上开发的，本教材主要学习通用版 MCGS 的组态。

【情境介绍】

　　本教学情境基于 MCGS 通用版 6.2 组态软件，引入"液位罐串级传送搬运"案例工程，详细介绍框架组态、动画组态、控制组态、报警组态、报表与曲线组态，以及安全机制组态等内容，实现对液位、位移的过程控制及实施监控，形成一个完整的工程组态与测试学习过程，并通过"小试牛刀"、"融会贯通"和"照猫画虎"等基于嵌入版 7.7 进行拓展学习。

【学习目标】

素质点 ▶▶

　　素质点 1：要发挥自主品牌技术优势，坚持技术创新，科技强国，将中国人的饭碗牢牢端在自己手中。

　　素质点 2：做好系统安全机制组态，建设平安中国。

　　素质点 3：打牢基础拓展创新，在继承基础上进行创新，坚持创新驱动发展战略。

知识点 ▶▶

知识点1：应知MCGS基本组成；　　　知识点2：应知MCGS组态流程。

技能点 ▶▶

技能点1：应会MCGS工程项目分析；技能点2：应会MCGS静态画面组态；

技能点3：应会MCGS基本动画组态；技能点4：应会MCGS常用构建使用；

技能点5：应会MCGS基本窗口设置；技能点6：应会MCGS控制策略组态；

技能点7：应会MCGS安全机制组态；技能点8：应会MCGS系统运行测试。

【思维导图】

引入"液位罐串级传送搬运"的案例工程，基于MCGS软件平台，通过组态方法和组态技巧的学习，完成系统组态设计并进行应用调试。如图1-0-1所示。

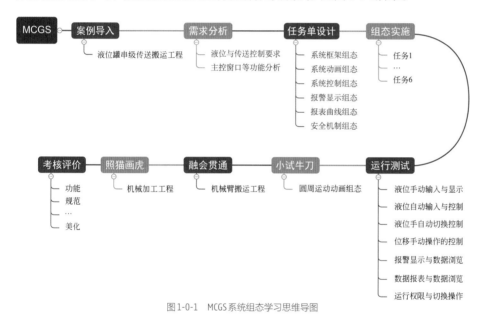

图1-0-1　MCGS系统组态学习思维导图

【案例描述】

某化工工艺有来自上工段合成的工业液体，其将作为原料用于下工段生产，需要使用储液罐存储（高度30m）和液罐车传送（传送距离500m）。由于下工段在生产高峰期时，液体原料用量较大，其余时间用量不确定，因此在储液罐后面增加贮罐（高度10m），形成恒液位串级系统，工艺流程如图1-0-2所示。

其中，储液罐原料输入由一台水泵控制，一般情况下，水泵恒流量工作，当液位超过一定高度（28m）时水泵停止工作，而储液罐和贮罐之间增加一个电动调节阀（储液罐液位>2m且贮罐液位<6m开启），用于对储液罐水位进行恒定控制。原料经贮罐注入液罐车，液罐车沿预定轨道运送到指定位置。

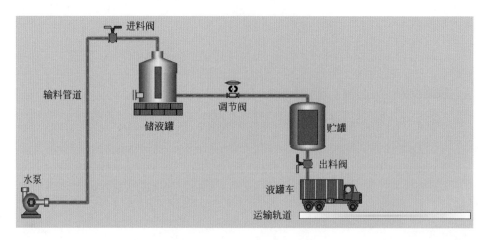

图1-0-2 液位罐串级传送搬运工艺图

资源1.2
运行实录/动画

案例工程 **液位罐串级传送搬运系统**

基于MCGS工控平台，完成液位罐串级传送搬运系统的组态设计及应用，控制要求如下。

1. 液位控制

① 基于滑动输入器手动输入和模拟设备自动输入，以仪表和数值形式显示储液罐液位（液位1）、贮罐液位（液位2）的高度，可观测到液位上升和下降变化趋势。

② 水泵、进料阀、调节阀和出料阀可手动控制启停，可根据液位1和液位2的高度自动控制其启停，其工作状态可通过指示灯进行指示。

③ 液位手动控制与自动控制可灵活切换。

④ 当液位超过限值时（液位1 ≥ 28m，或 ≤ 1m，液位2 ≥ 8m，或 ≤ 2m）系统报警，报警限值可在线修改、报警信息可显示、报警数据可浏览，且报警状态通过指示灯进行指示。

⑤ 液位1、液位2、水泵、进料阀、出料阀、调节阀的开度可产生实时报表，且所有连续变量值可在历史报表查看，并可存盘浏览。

⑥ 液位1、液位2可通过实时曲线和历史曲线显示变化趋势。

2. 位移控制

① 基于滑动输入器手动输入，以仪表和数值形式显示液罐车移动的水平位移。

② 可手动操作控制液罐车的前进、后退和停止（移动间距20m）。

③ 水平位移可产生实时报表查看，并可存盘浏览。

3. 工程安全

① 管理员组用户唐主任，密码111，具有进入系统登录、退出系统登录权限。

② 操作员组用户王工，密码222，具有操作水平位移前进、后退和停止的权限。

③ 具有登录用户、退出登录、用户管理、修改密码的用户管理功能。

④ 为工程加密，密码000。

【知识点拨】

1. 了解MCGS组态软件的系统构成

资源1.3
微课-MCGS
系统构成

MCGS软件系统包括"MCGS组态环境"和"MCGS运行环境"两个部分，如图1-0-3所示。组态环境相当于一套完整的工具软件，帮助用户设计和构造自己的应用系统。运行环境则按照组态环境中构造的组态工程，以用户指定的方式运行，并进行各种处理，完成用户组态设计的目标和功能。

图1-0-3　MCGS软件系统

"MCGS组态环境"和"MCGS运行环境"两部分互相独立，又紧密相关，如图1-0-4所示。

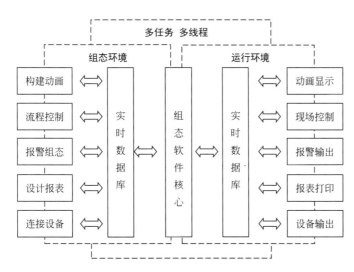

图1-0-4　MCGS组态环境与运行环境关系

MCGS组态环境是生成用户应用系统的工作环境，由可执行程序McgsSet.exe支持，其存放于MCGS目录的Program子目录中。用户在MCGS组态环境中完成动画设计、设备连接、编写控制流程、编制工程打印报表等全部组态工作后，生成扩展名为.mcg的工程文件，又称为组态结果数据库，其与MCGS运行环境一起，构成了用户应用系统，统称为"工程"。

MCGS运行环境是用户应用系统的运行环境，由可执行程序McgsRun.exe支持，其存放于MCGS目录的Program子目录中。在运行环境中完成对工程的控制工作。

2. MCGS组态软件基本组成

MCGS组态软件所建立的工程由主控窗口、设备窗口、用户窗口、实时数据库和运行策略五部分构成，每一部分分别进行组态操作，完成不同的工作，具有不同的特性。MCGS组态软件构成功能如图1-0-5所示。

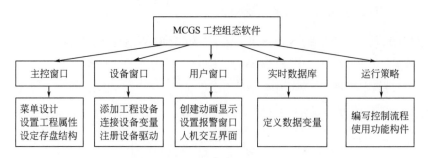

图1-0-5 MCGS组态软件构成功能

主控窗口：是工程的主窗口或主框架。在主控窗口中可以放置一个设备窗口和多个用户窗口，负责调度和管理这些窗口的打开或关闭。主要的组态操作包括：定义工程的名称，编制工程菜单，设计封面图形，确定自动启动的窗口，设定动画刷新周期，指定数据库存盘文件名称及存盘时间等。

设备窗口：是连接和驱动外部设备的工作环境。在本窗口内配置数据采集与控制输出设备，注册设备驱动程序，定义连接与驱动设备用的数据变量。

用户窗口：本窗口主要用于设置工程中的人机交互界面，诸如：生成各种动画显示画面、报警输出、数据与曲线图表等。

实时数据库：是工程各个部分的数据交换与处理中心，它将MCGS工程的各个部分连接成有机的整体。在本窗口内定义不同类型和名称的变量，作为数据采集、处理、输出控制、动画连接及设备驱动的对象。

运行策略：本窗口主要完成工程运行流程的控制。包括编写控制程序（if...then脚本程序），选用各种功能构件，如数据提取、定时器、配方操作、多媒体输出等。

MCGS工程项目组态是在组态环境中完成，如图1-0-6所示。

图1-0-6 MCGS组态环境（工作台）

（1）主控窗口　主控窗口组态包括菜单设计和主控窗口系统属性设置，如图1-0-7所示。

图1-0-7　主控窗口界面

菜单组态如图1-0-7所示，在菜单组态界面中，可以搭建菜单框架，如主菜单、下拉菜单的建立，菜单的功能组态，通过菜单可以实现对相应用户窗口的打开、关闭，也可以实现对用户策略的调用，脚本程序的相关控制功能实现等，如图1-0-8所示。

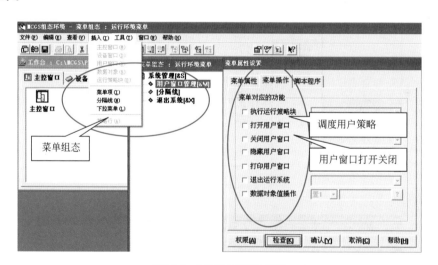

图1-0-8　主控窗口菜单组态界面

系统属性设置界面如图1-0-9所示。在主控窗口的系统属性中，可以设置工程项目组态系统的运行权限、封面、菜单；系统运行后的启动窗口设置；系统内存属性设置、系统参数设置、设定动画刷新周期，指定数据库存盘文件名称及存盘时间等。

（2）设备窗口　设备窗口组态是工程项目调试运行的硬件平台，选定与设备相匹配的设备构建，连接设备通道，确定数据变量的处理方式等，如图1-0-10所示。

（3）用户窗口　可创建多个用户窗口，使用工具箱，根据工程要求，创建漂亮、生动、具有多种风格和类型的操作流程画面，如图1-0-11所示。

图1-0-9　主控窗口属性设置界面

图1-0-10　设备窗口设置界面

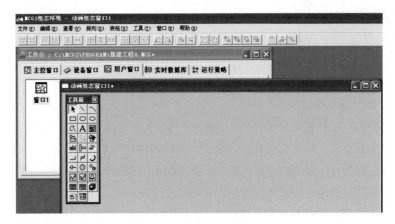

图1-0-11　用户窗口设置界面

（4）实时数据库　定义不同类型和名称的变量，连接组态环境和运行环境的中心枢纽，如图1-0-12所示。

 笔记

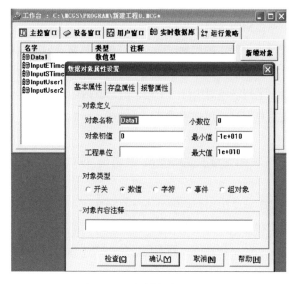

图1-0-12　实时数据库设置界面

（5）运行策略　包括启动策略、退出策略、循环策略及用户策略等，通过策略工具箱，编写工程运行流程的控制程序，如图1-0-13所示。

图1-0-13　运行策略设置界面

3. MCGS组态软件常用术语

工程：用户应用系统的简称。在MCGS组态环境中生成的文件称为工程文件，后缀为.mcg，默认存放于MCGS目录的WORK子目录中。如D:\MCGS\WORK***.mcg。

对象：操作目标与操作环境的统称，如窗口、构建、数据、图形等。

构件：具备某种特定功能的程序模块，用户对构件设置一定的属性，并与定义的数据变量相连接，在运行中实现相应的功能。

策略：对系统运行流程进行有效控制的措施和方法。

启动策略：在进入运行环境后首先运行的策略，只运行一次，一般完成系统初始化的处理，启动策略由MCGS自动生成。

循环策略：按照用户指定的周期时间，循环执行策略块内的内容，通常用来完成流程控制任务。

退出策略：退出运行环境时执行的策略，由MCGS自动生成，自动调用。

用户策略：由用户定义，用来完成特定的功能。一般由按钮、菜单、其他策略来调用执行。

事件策略：当开关型变量发生跳变时（1到0，或0到1）执行的策略，只运行一次。

热键策略：当按下定义的组合热键时执行的策略，只运行一次。

可见度：指对象在窗口内的显现状态，即可见与不可见。

动画刷新周期：动画更新速度，即颜色变化、物体运动、液面升降的快慢等，以ms为单位。

父设备：本身没有特定功能，但可以和其他设备一起与计算机进行数据交换的硬件设备，如串口父设备。

子设备：必须通过一种父设备与计算机进行通信的设备。

模拟设备：在对工程文件进行测试时，提供可变化的数据的内部设备，可提供多种变化方式。

数据库存盘文件：MCGS工程文件在硬盘中存储时的文件，类型为MDB文件，一般以工程文件的文件名+"D"进行命名，存储在MCGS目录下的WORK子目录中。

4. MCGS工程组建基本流程

MCGS工程组建需要遵循一定的流程，方便项目的推进和管理等工作。

（1）工程项目系统分析　分析工程项目的系统构成、技术要求和工艺流程，弄清系统的控制流程和测控对象的特征，明确监控要求和动画显示方式，分析工程中的设备采集及输出通道与软件中实时数据库变量的对应关系，分清哪些变量是要求与设备连接的，哪些变量是软件内部用来传递数据及动画显示的。

（2）工程立项搭建框架　MCGS称为建立新工程。主要内容包括：定义工程名称、封面窗口名称和启动窗口（封面窗口退出后接着显示的窗口）名称，指定存盘数据库文件的名称以及存盘数据库，设定动画刷新的周期。经过此步操作，即在MCGS组态环境中建立了由五部分组成的工程结构框架。封面窗口和启动窗口也可以建立了用户窗口后，再行建立。

（3）设计菜单基本体系　为了对系统运行的状态及工作流程进行有效地调度和控制，通常要在主控窗口内编制菜单。编制菜单分两步进行，第一步首先搭建菜单的框架，第二步再对各级菜单命令进行功能组态。在组态过程中，可根据实际需要，随时对菜单的内容进行增加或删除，不断完善工程的菜单。

笔记

（4）制作动画显示画面　动画制作分为静态图形设计和动态属性设置两个过程。前一部分类似于"画画"，用户通过MCGS组态软件中提供的基本图形元素及动画构件库，在用户窗口内"组合"成各种复杂的画面。后一部分则设置图形的动画属性，与实时数据库中定义的变量建立相关性的连接关系，作为动画图形的驱动源。

（5）编写控制流程程序　在运行策略窗口内，从策略构件箱中选择所需功能策略构件，构成各种功能模块（称为策略块），由这些模块实现各种人机交互操作。MCGS还为用户提供了编程用的功能构件（称之为"脚本程序"功能构件），使用简单的编程语言编写工程控制程序。

（6）完善菜单按钮功能　包括对菜单命令、监控器件、操作按钮的功能组态；实现历史数据、实时数据、各种曲线、数据报表、报警信息输出等功能；建立工程安全机制等。

（7）编写程序调试工程　利用调试程序产生的模拟数据，检查动画显示和控制流程是否正确。

（8）连接设备驱动程序　选定与设备相匹配的设备构件，连接设备通道，确定数据变量的数据处理方式，完成设备属性的设置。此项操作在设备窗口内进行。

（9）工程完工综合测试　最后测试工程各部分的工作情况，完成整个工程的组态工作，实施工程交接。

5. MCGS组态软件安装

MCGS组态软件是专为标准Microsoft Windows系统设计的32位应用软件，必须运行在Microsoft Windows95、Windows NT 4.0或以上版本的32位操作系统中。

安装过程完成后，Windows操作系统的桌面上添加了如图1-0-14所示的两个图标，分别用于启动MCGS组态环境和运行环境。

资源1.4
录屏-MCGS
软件安装步骤

图1-0-14　MCGS软件安装成功图标

笔记

任务1

工程项目分析

【学习目标】

知识点 ▶▶

知识点1：应知工程工艺要求　　　　知识点2：应知工程控制要求

知识点3：应知工程分析内容

技能点 ▶▶

技能点1：应会分析菜单架构　　　　技能点2：应会分析用户窗口

技能点3：应会分析数据对象　　　　技能点4：应会分析模拟设备

技能点5：应会分析控制策略

【任务导入】

工程项目分析是进行MCGS系统组态设计、实施和测试等的基础工作，主要根据用户（客户）对工程的说明、提出的工艺特点和控制要求等工程项目进行整体分析，形成MCGS组态任务单。

【任务分析】

根据案例说明的工艺特点和控制要求，基于MCGS组态软件五大部分，需要确定主菜单和子菜单，对主控窗口进行属性设置；确定用户窗口的个数及组态内容；确定设备类型及数量；确定数据对象及相关参数以及策略组态的功能等。基于以上内容，熟悉MCGS组态任务单内容。

【任务实施】

一、案例工程分析

1.工程创建

MCGS工程的组态，首先需要新建工程文件，定义名称为"液位罐串级传送搬运系统.mcg"。

2. 主控窗口分析

（1）菜单框架结构设计　案例工程需要对液位和位移进行控制，对数据报表、报警数据和数据曲线等进行显示，对液位报警信息进行浏览，对历史数据进行浏览，因此，该工程可设计"系统控制、数据显示、报警数据、历史数据" 4个主菜单；同时为方便管理和用户管理操作，根据工程安全要求，在"系统管理"主菜单下，设计"登录用户、退出登录、用户管理、修改密码" 4个子菜单。案例工程菜单框架结构如图1-1-1所示。

素质拓展阅读

"数字中国"擘画新蓝图，模拟仿真和数字孪生

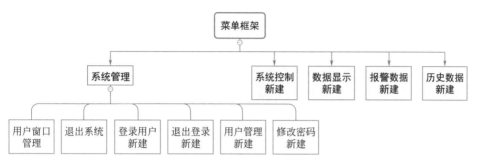

图1-1-1　菜单框架结构图

（2）主控窗口基本属性　窗口标题一般与工程名相同，即：液位罐串级传送搬运系统，有菜单但没有封面；系统运行权限为管理员组用户（负责人和唐主任），且进入登录，退出登录。

3. 设备窗口分析

MCGS组态软件提供了大量工控领域常用的设备驱动程序。在案例工程（液位罐串级传送搬运系统）中1.液位控制控制要求①中，基于模拟设备自动输入控制液位1和液位2，因此本任务仅以模拟设备为例，通过模拟设备的连接，可以使液位1和液位2不需要手动操作自动运行起来。

模拟设备是供用户调试工程的虚拟设备，其构件可以产生标准的正弦波、方波、三角波、锯齿波信号，且幅值和周期都可以任意设置。通常情况下，在启动MCGS组态软件时，模拟设备都会自动装载到设备工具箱中。

本案例储液罐液位1和贮罐液位2的液位信号可通过正弦波模拟设备进行模拟输入，是软件内部用来传递数据及动画显示的输入信号，1个模拟设备可提供多个通道的曲线输入信号，因此本案例工程的2个液位信号仅需要1个模拟设备，即模拟设备0，如图1-1-2所示。

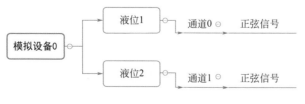

图1-1-2　模拟设备应用分析

4.用户窗口分析

控制要求对原料液体进行恒压液位控制和液罐车位移控制，可通过"系统控制"用户窗口设计实现；控制要求对原料液体的报警显示、数据报表、数据曲线等进行显示，可通过"数据显示"用户窗口实时浏览，因此，本案例工程可设计2个用户窗口，即系统控制和数据显示。其中，"系统控制"窗口是工程首先显示的图形窗口，即启动窗口，是现场工艺流程的缩影和监控平台，用户窗口框架结构如图1-1-3所示。

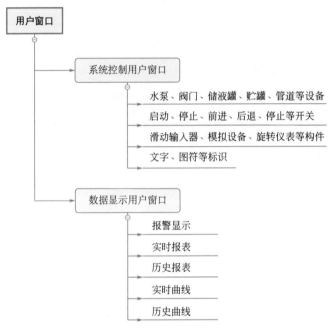

图1-1-3 用户窗口框架结构

（1）"系统控制"窗口

水泵、进料阀、调节阀、出料阀、储液罐、贮罐、液罐车、报警指示灯、状态指示灯：由对象元件库引入。

管道：通过流动块构件实现。

轨道：通过矩形符号实现。

液位和水平位移手动输入控制：通过滑动输入器实现。

液位上升下降自动控制：通过模拟设备实现。

液位和水平位移显示：通过旋转仪表（指针）、标签（数值）构件实现。

报警限值在线修改：通过输入框构件实现。

前进、后退、停止、启动、停止、手自动切换：通过标准按钮实现。

（2）"数据显示"窗口

报警显示：通过报警显示构件实现或报警信息浏览构件实现（配合报警数据菜单调用）。

实时数据：通过自由表格构件实现。

历史数据：通过历史表格构件实现或存盘数据浏览构件实现（配合历史数据菜单

调用)。

实时曲线 : 通过实时曲线构件实现。

历史曲线 : 通过历史曲线构件实现。

5.实时数据库分析

案例工程数据包括 : 水泵、进料阀、调节阀、出料阀、液位1、液位2、液位1上限、液位1下限、液位2上限、液位2下限、水平位移、前进、后退、停止、液位手自动控制切换开关、液位组、历史数据组等。分析变量名称，表1-1-1列出了案例工程中与动画和设备控制相关的变量名称。

表1-1-1　与动画和设备控制相关的变量信息

变量名称	类型	注释
水泵	开关型	控制水泵"启动""停止"的变量
进料阀	开关型	控制进料阀"启动""停止"的变量
调节阀	开关型	控制调节阀"打开""关闭"的变量
出料阀	开关型	控制出水阀"打开""关闭"的变量
前进	开关型	控制液罐车"前进"
后退	开关型	控制液罐车"后退"
停止	开关型	控制液罐车"停止"
水平位移	数值型	液罐车的搬运轨道长度（500m）
液位1	数值型	储液罐的水位高度（30m）
液位2	数值型	贮罐的水位高度（10m）
液位1上限	数值型	用来在运行环境下设定储液罐的上限报警值（28m）
液位1下限	数值型	用来在运行环境下设定储液罐的下限报警值（1m）
液位2上限	数值型	用来在运行环境下设定贮罐的上限报警值（9m）
液位2下限	数值型	用来在运行环境下设定贮罐的下限报警值（2m）
液位手自动切换开关	开关型	用来在运行环境下切换液位手动控制和自动控制
液位组	组对象	用于报警显示、报警数据浏览、实时和历史曲线功能构件
历史数据组	组对象	用于历史报表、存盘数据浏览功能构件

6.运行策略分析

系统默认有启动策略、退出策略和循环策略，根据上述案例工程（液位罐串级传送搬运系统）液位控制要求②，需要根据液位1和液位2的高度自动控制其启停，因此需要进行循环策略组态，编写液位自动控制脚本程序；根据液位控制要求③，需要实现液位手自动切换，因此，需要对模拟设备0的启动和停止进行循环策略组态；根据液位控制要求④，液位报警限值可在线修改，其功能激活函数需要在液位自动控制脚本程序中添加；根据位移控制要求②，手动操作控制液罐车的前进、后退和停止功能，需要对水平位移手动控制进行循环策略的脚本程序组态；根据液位控制要求④和⑤，报警数据浏览、历史数据可存盘浏览（工程报表），需要分别建立报警数据浏览和工程报表用户策略，使用报警信息浏览构件和存盘数据浏览构件组态。运行策略设计内容分析如图1-1-4所示。

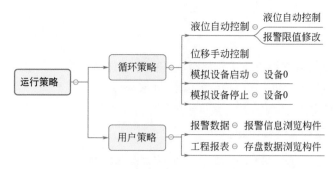

图1-1-4　运行策略框架结构

7.安全机制

（1）用户　根据案例工程的安全要求，需要为默认管理员组新增"唐主任"用户；需要新增操作员用户组，并为其新增"王工"用户。

（2）权限　在主控窗口的基本属性中，赋予管理员组进入登录、退出登录的管理权限；在主控窗口的菜单组态中，需要组态登录用户、退出登录、用户管理、修改密码的用户管理操作；在"系统控制"用户窗口中，为液罐车前进、后退和停止赋予操作员管理权限。

（3）加密　为工程进行加密。

二、案例工程组态任务单

根据第一部分的分析内容和MCGS工程组态基本流程，形成如表1-1-2所示组态任务单。

表1-1-2　组态任务单

序号	任务	内容
1	建立新工程	①文件名：液位罐串级传送搬运系统 ②路径：D:\MCGS\WORK\
2	菜单组态	①主菜单：系统控制、数据显示、报警数据、历史数据 ②子菜单：系统管理子菜单，包括登录用户、退出登录、用户管理和修改密码
3	动画显示画面	①用户窗口：液位控制（启动窗口）、液位显示 ②静态画面：设备、文字等 ③实时数据：定义数据对象 ④动态画面：液位升降、开关设备启停、指示灯状态、液罐车移动、液体流动等
4	控制流程组态	①液位手动控制：滑动输入器 ②位移手动控制：滑动输入器 ③液位升降控制：模拟设备 ④液位自动控制：模拟设备+脚本程序 ⑤液位手自动切换控制：按钮+设备操作策略实现 ⑥位移手动操作控制：按钮+脚本程序 ⑦液位位移显示：旋转仪表、数值显示

笔记

序号	任务	内容
5	报警显示与报警数据组态	① 液位1上限报警：28m ② 液位1下限报警：1m ③ 液位2上限报警：9m ④ 液位2下限报警：2m ⑤ 液位报警信息显示：报警显示构件 ⑥ 液位报警数据浏览：报警信息浏览构件（用户策略），菜单完善 ⑦ 报警限值修改：输入框与报警限值修改函数（液位自动控制脚本程序） ⑧ 液位报警指示：报警指示灯
6	数据报表与曲线组态	① 实时报表：自由表格构件 ② 历史报表：历史报表构件 ③ 工程报表：存盘数据浏览构件（用户策略），菜单完善 ④ 实时曲线：实时曲线构件 ⑤ 历史曲线：历史曲线构件
7	安全机制设置	① 新增用户组：操作员组 ② 新增用户：新增用户王工；新增用户唐主任 ③ 赋予权限：唐主任为管理员组成员，王工为操作员组成员 ④ 赋予权限：操作员组用户王工，具有操作水平位移前进、后退和停止的权限 ⑤ 完善子菜单：登录用户、退出登录、用户管理和修改密码 ⑥ 运行权限："进入登录，退出登录"，且权限为"管理员组"所有成员 ⑦ 工程加密：密码为000

任务2

系统框架组态

【学习目标】

知识点 ▶▶

知识点1：应知工程框架基本结构　　知识点2：应知菜单框架基本内容

知识点3：应知窗口基本属性内容

技能点 ▶▶

技能点1：应会MCGS工程文件创建　　技能点2：应会用户窗口新建并配置

技能点3：应会菜单框架设计并配置

【任务导入】

完成MCGS案例工程分析后，需要按照任务单进行框架搭建，即工程框架搭建和菜单框架搭建。即在MCGS组态环境中，建立由五部分组成的工程结构框架和设计菜单基本体系。工程框架搭建的封面窗口和启动窗口也可等到建立了用户窗口后再行建立；菜单框架搭建也可在组态过程中，根据实际需要，随时对菜单的内容进行增加或删除，不断完善工程的菜单。

【任务分析】

资源1.5
PPT-启动窗口
和存盘数据库
文件

工程框架搭建，主要包括如下。

① 新建工程，文件名：液位罐串级传送搬运系统，路径：D:\MCGS\WORK\。

② 用户窗口建立，名称"液位控制"，设置窗口属性"启动窗口"，名称"数据显示"。

③ 主控窗口属性设置，窗口标题为液位罐串级传送搬运系统，有菜单但没有封面；指定存盘数据库文件的名称以及存盘数据库，设定动画刷新的周期。

菜单框架搭建，主要包括如下。

① 建立系统控制、数据显示、报警数据和历史数据4个主菜单。

② 建立登录用户、退出登录、用户管理和修改密码4个子菜单。

【任务实施】

一、案例工程框架搭建

1. 新建工程

鼠标单击应用程序"Mcgsset"，进入MCGS组态环境，工程创建按步骤建立：单击文件菜单中"新建工程"选项，在D：\MCGS\WORK\下自动生成新建工程，默认的工程名为："新建工程X.MCG"（X表示新建工程的顺序号，如0、1、2等），选择文件菜单中的"工程另存为"菜单项，弹出文件保存窗口，在文件名一栏内输入"液位罐串级传送搬运系统"，点击"保存"按钮，案例工程文件创建好了，如图1-2-1所示。

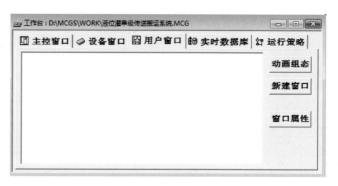

图1-2-1　新建工程

2.建立用户窗口

在工程文件"液位罐串级传送搬运MCGS系统"工作台上，单击"用户窗口"，在"用户窗口"中单击"新建窗口"按钮，则产生新"窗口0"，如图1-2-2所示。

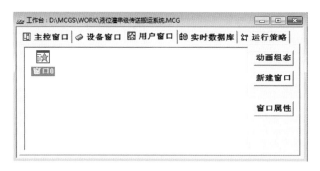

图1-2-2　新建窗口0

选中"窗口0"，单击"窗口属性"，进入"用户窗口属性设置"，使用"基本属性"标签完成相关内容设置。

用户窗口的属性包括：基本属性、扩充属性和脚本控制（启动脚本、循环脚本、退出脚本），由使用者根据工程需要进行合理设置。在本案例中，仅配置基本属性，其包括窗口的操作名称、显示标题、窗口位置、窗口边界形式以及窗口说明等项内容。

注意

① 用户窗口名称唯一，在建立窗口时，系统赋予窗口的缺省名称为"窗口×"（×为区分窗口的数字代码）；窗口标题是系统运行时在用户窗口标题栏上显示的标题文字；窗口背景一栏用来设置窗口背景的颜色。

② 窗口的位置属性决定了窗口的显示方式，当窗口的位置设定为"顶部工具条"或"底部状态条"时，则运行时窗口没有标题栏和状态框，窗口宽度与主控窗口相同，形状同工具条或状态条；当窗口位置设定为"中间显示"时，则运行时用户窗口始终位于主控窗口的中间（窗口处于打开状态时）；当设定为"最大化显示"时，用户窗口充满整个屏幕；当设定为"任意摆放"时，窗口的当前位置即为运行时的位置。

③ 窗口边界属性决定了窗口的边界形式，当窗口无边界时，则窗口的标题也不存在。

④ 窗口的位置属性和边界属性只有在运行时才体现出来。

根据案例工程要求，将"窗口名称"改为"系统控制"，"窗口标题"改为"系统控制"；在"窗口位置"中选中"最大化显示"，其它不变，单击"确认"，如图1-2-3所示。

按如上方法建立"数据显示"用户窗口。

将"系统控制"用户窗口设置为启动窗口。选中"系统控制"，单击右键，选择下拉菜单中的"设置为启动窗口"选项，将该窗口设置为运行时自动加载的窗口，如图1-2-4所示。

资源1.6
微课-用户窗口
属性设置

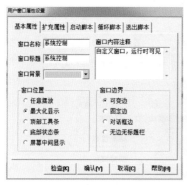

图1-2-3　用户窗口基本属性设置　　　　　　　图1-2-4　启动窗口设置

3.主控窗口属性设置

资源1.7
微课 - 主控窗口
属性设置

从MCGS的基本组成知识了解到，主控窗口是工程的主窗口，可设定动画刷新周期，指定数据库存盘文件名称及存盘时间等参数。（MCGS中由系统定义的缺省值能满足大多数应用工程的需要，除非特殊需要，建议一般不要修改这些缺省值）

（1）基本属性设置：单击"储液罐串级传送搬运系统"工作台的主控窗口，选择"系统属性"进入主控窗口属性设置，如图1-2-5所示。窗口标题与工程名相同，有菜单没有封面。

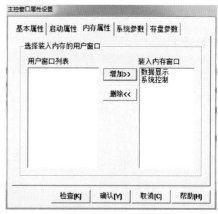

图1-2-5　主控窗口基本属性和内存属性设置

笔 记

思考│ 窗口标题和窗口名称的区别？

（2）内存属性设置：应用工程运行过程中，当需要打开一个用户窗口时，系统首先把窗口的特征数据从磁盘调入内存，然后再执行窗口打开的指令，这样一个打开窗口的过程可能比较缓慢，满足不了工程的需要。MCGS把用户窗口装入内存，节省了磁盘操作的开销时间。将位于主控窗口内的某些用户窗口定义为内存窗口，称为主控窗口的内存属性。

利用主控窗口的内存属性，可以设置运行过程中始终位于内存中的用户窗口，不管该窗口是处于打开状态，还是处于关闭状态。由于窗口存在于内存之中，打开时不需要从硬盘上读取，因而能提高打开窗口的速度。MCGS最多可允许选择20个用户窗口在运行时装入内存。受计算机内存大小的限制，一般只把需要经常打开和关闭的用户窗口在运行时装入内存。预先装入内存的窗口过多，也会影响运行系统装载的速度。本案例中，加入内存的是系统控制和数据显示用户窗口，如图1-2-5所示。

（3）存盘参数设置：运行时，应用系统的数据（包括数据对象的值和报警信息）都存入一个数据库文件中，数据库文件的名称及数据保留的时间要求，也作为主控窗口的一种属性预先设置。由系统定义的缺省数据库文件名与工程文件名相同，且在同一目录下，但数据库文件名的后缀为"MDB"，使用者可根据需要自由设置数据库文件的路径和名称。

存盘设置过程是在工程文件"液位罐串级传送搬运系统"工作台上，单击"主控窗口"，选中"存盘参数"标签按钮，进入属性设置窗口页，如图1-2-6所示。

笔记

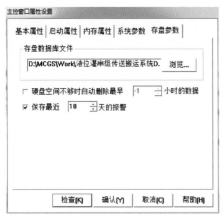

图1-2-6　主控窗口存盘参数和系统参数设置

（4）系统参数设置：设置系统运行时的相关参数，是周期性运作项目的时间要求，主要包括与动画显示有关的时间参数等，如图1-2-6所示。

二、菜单框架搭建

1.控制与显示主菜单

在工程文件"液位罐串级传送搬运系统"工作台上，单击"主控窗口-菜单组态"，进入菜单组态。在菜单组态环境下，选中"系统管理"，在界面上方的工具条中单击"新增菜单项"图标，产生"操作0"菜单（该菜单与"系统管理"菜单关系是并列的，在系统运行时，显示于运行界面的菜单栏处），如图1-2-7所示。

资源1.8
录屏-菜单组态
操作

图1-2-7　菜单组态默认对话框

双击"操作0"菜单，弹出"菜单属性设置"窗口，如图1-2-8所示，菜单名组态为系统控制，菜单类型为"普通菜单"，该菜单的功能是点击"系统控制"菜单，打开"系统控制"用户窗口，因此，其"菜单操作"标签配置为"打开用户窗口-系统控制"。

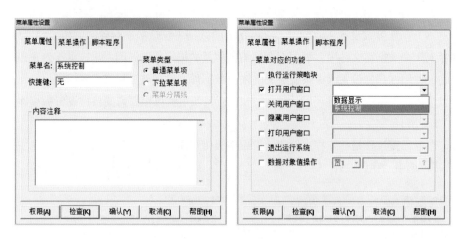

图1-2-8　系统控制菜单设置

"数据显示"主菜单与"系统控制"主菜单组态方法相同，"报警显示""历史数据"的"菜单属性"与上述设置相同（但暂不设置菜单操作）。主菜单组态效果如图1-2-9所示。

图1-2-9　主菜单组态

笔记

按F5或者单击软件系统菜单项的"进入运行环境"，在运行状态下，各菜单效果如图1-2-10所示。

图1-2-10　运行环境系统菜单

| 思考 | 菜单的前后顺序如何调整？

笔记

2.系统管理子菜单

在运行环境中为了确保工程安全可靠地运行，MCGS建立了一套完善的运行安全机制。系统管理一般设置有"登录用户""退出登录""用户管理"和"修改密码"四个功能，即"系统管理"主菜单下的4个子菜单。系统管理主菜单默认具有"用户窗口管理"和"退出系统"2个子菜单，其中2个子菜单之间通过分割线进行区分，在运行环境下，该菜单体系显示如图1-2-11所示。

图1-2-11　运行环境系统管理主菜单

"用户窗口管理"的主要功能是对案例工程管理的所有用户窗口进行手动切换，"退出系统"的主要功能是关闭运行环境。本案例工程基于安全策略考虑，需要组态的4个子菜单，将与"用户窗口管理"和"退出系统"子菜单并行，但各子菜单之间用分割线进行分割。

进入菜单组态环境，选中"系统管理-退出系统"，单击工具条"新增分割线"图标，产生"[分割线]"菜单，选中该[分割线]，单击工具条"新增菜单项"图标，产生"菜单0"，双击"菜单0"修改"菜单名"为"登录用户"，其他子菜单设计方法类似，在组态环境中完成的菜单框架和运行环境下的菜单呈现如图1-2-12所示。

图1-2-12　菜单组态与运行

任务3

系统动画显示组态

素质拓展阅读

设计用户界面，
追求用户至上的
服务精神

【学习目标】

知识点 ▶▶

知识点1：应知工具箱基本元素 　　知识点2：应知基本图形元素

知识点3：应知基本动画构件

技能点 ▶▶

技能点1：应会静态图形设计 　　技能点2：应会常用构建使用

技能点3：应会基本动画组态 　　技能点4：应会按钮菜单组态

【任务导入】

在工业生产过程中，罐体、阀门、水泵、管道、轨道、小车、开关、指示灯等应用非常普遍。基于案例工程描述，控制要求是基于各类设备来实现的，因此，本任务主要完成设备图符和文字说明等静态图形设计和动态属性设置两个环节。

【任务分析】

动画显示组态分为静态图形设计和动态属性设置两个过程，即通过MCGS组态软件中提供的基本图形元素及动画构件库，在用户窗口内设计案例工程的工艺画面；基于静态图形，设置图形的动画属性和数据连接，为后续动画流程实现完成基础设计。

✎ 笔记

1.静态图形设计

即静态画面编辑，包括了基本设备图符和文字说明等内容，根据任务1对用户窗口的分析内容和表1-1-2组态任务单中动画显示画面要求，确定本任务的主要内容如下。

① 图形制作，包括：水泵、进料阀、储液罐、调节阀、贮罐、出料阀、液罐车、输料管道、运输轨道、启动按钮、停止按钮、运行指示灯、前进、后退、停止按钮等。

② 文字说明，包括：设备名称、工程名称等。

2.动态属性设置

即动画连接设置。系统图形对象的动态显示，需要数据对象作为支撑，因此，建立实时数据库是动画连接的前提，其建立的过程也是定义数据对象的过程。基于实时数据库，对静止的图形对象进行动画设计，即建立图形对象与实施数据库的连接关系，从而真实地描述工程现场各对象的状态变化，达到过程实时控制的目的。本任务在动态属性设置环节的主要内容如下。

① 定义数据对象，即表1-1-1中的变量定义。

② 动画连接，包括：储液罐、贮罐水位的升降；水泵、阀门的启停；指示灯状态显示；液罐车的前进、后退和停止和液体流动效果。

【任务实施】

一、静态图形设计

基于"液位罐串级传送搬运MCGS系统"工作台，进入用户窗口，选中"系统控制-动画组态"，如图1-3-1所示。

资源1.9
录屏-静态图形
组态操作

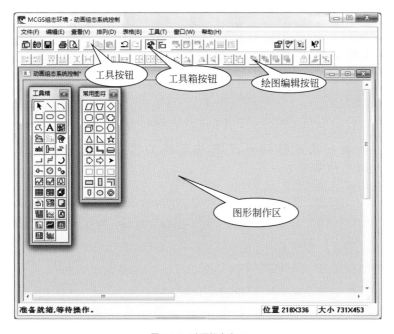

图1-3-1　动画组态窗口

为了快速构图和组态，MCGS系统内部提供了常用的图元、图符、动画构件对象，称为系统图形对象。图形对象放置在用户窗口中，是构成用户应用系统图形界面的最小单元，MCGS中的图形对象包括图元对象、图符对象和动画构件三种类型，不同类型的图形对象有不同的属性，所能完成的功能也各不相同。

笔记

（1）对象元件的选取

储液罐和贮罐。单击"工具"菜单，调出"对象元件库管理"（用于从对象元件库中读取存盘的图形对象）或单击工具条中的"工具箱"按钮打开工具箱，单击图标"插入元件"图标，即调出"对象元件库管理"（对应的"保存元件"图标用于把当前用户窗口中选中的图形对象存入对象元件库中）。如图1-3-2所示，从"对象元件库管理"中的"储藏罐"中选取中意的罐，按"确定"，则所选中的罐在桌面的左上角，可以改变其大小及位置，如罐15、罐53。

素质拓展阅读

充实对象元件库，在实践中培养创新意识

图1-3-2　对象元件选取界面

思考 如果对象元件列表没有与现场工艺设备相同的元件，如何组态设备？

进料阀、出料阀、调节阀、水泵、液罐车的对象元件。从"对象元件库管理"中的"阀"、"泵"、"车"中分别选取3个阀（阀44、阀44、阀58）、1个泵（泵40）、1个车（集装箱车2），根据案例工程的工艺要求，调整对象元件的尺寸和位置。

资源1.10
微课-新图形对象编辑与入库

输料管道。基于"工具箱"中的"流动块"构件制造完成。选中工具箱内的"流动块"动画构件，移动鼠标至窗口的预定位置，单击鼠标左键，鼠标光标变为十字形状，移动鼠标形成一道虚线，拖动一定距离后，单击鼠标左键，生成一段流动块；再拖动鼠标（可沿原来方向，也可垂直原来方向），生成下一段流动块。当想结束绘制时，双击鼠标左键。当想修改流动块时，先选中流动块（流动块周围出现选中标志：白色小方块），鼠标指针指向小方块，按住左键不放，拖动鼠标，就可调整流动块的形状。

思考 有其他表示输料管道的图元/图符/动画构件吗？

运输轨道。在工具箱中选择"矩形",将光标移动至窗口的预定位置,当光标变成十字形状时,单击鼠标左键并拖动鼠标至合适大小,绘制一个矩形区域,并选中该矩形框,右键调出菜单,设置属性的填充色为合适的轨道色。

资源1.11
微课-管道编辑

| 思考 | 运输轨道长度与液罐车水平位移有什么关系?

启动按钮、停止按钮和液罐车前进按钮、后退按钮和停止按钮。单击"工具箱-标准按钮",移动鼠标到"系统控制"用户窗口合适位置,按住左键拖动至按钮的合适大小松开,双击该按钮,对按钮的基本属性进行设置,其中按钮标题为"启动",确认后退出,如图1-3-3所示。

用复制的方法为水泵、进料阀、出料阀和调节阀各设置停止和启动两个按钮,用于控制水泵和阀门的工作,也用于设备检修等操作。

资源1.12
动画-车与位移

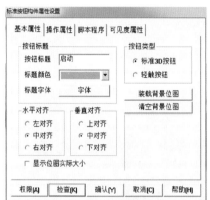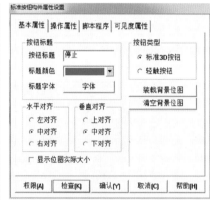

图1-3-3 标准按钮属性组态

运行指示灯。其元件对象从"对象元件库管理-指示灯"中选取,如指示灯3,为水泵、进料阀、调节阀和出料阀各配置1个指示灯,用于指示其工作状态(工作还是停止)。

(2)文字说明

分别对工艺图名称、水泵、储液罐、贮罐、进料阀、出料阀、调节阀、液罐车、运输轨道、输料管道等进行文字说明。

建立文字框:单击用"工具箱-A标签"图标,鼠标的光标变为十字形,在窗口任何位置拖拽鼠标,拉出一个合适大小的矩形。

输入文字:建立矩形框后,光标在其内闪烁,可直接输入需要注释的文字,按回车键或在窗口任意位置单击鼠标左键,文字输入过程结束。如果想改变矩形内的文字,先选中文字标签,按回车键或空格键,光标显示在文字起始位置,即可进行文字的修改。

文字框填充色和边线颜色,文字框文字的颜色和字体,可分别通过右击文字框调出菜单,通过设置基本属性满足用户的需求,或者单击软件上方的"填充色"、"边线"、"字符色"和"字符字体"来完成,如图1-3-4所示。

图1-3-4　文字标签组态

最后生成的静态图形画面如图1-3-5所示。

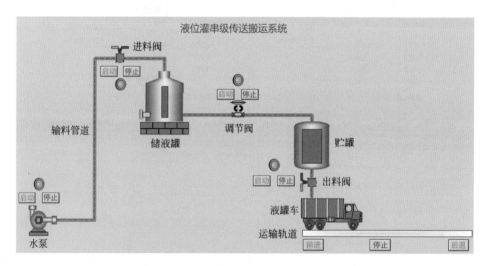

图1-3-5　液位罐串级传送搬运系统静态图形画面

选择菜单项"文件"中的"保存窗口",则可对所完成的静态图形画面进行保存。

二、动态属性设置

1.定义数据对象

根据表1-1-1定义的数据对象,包括指定数据变量的名称、类型、初始值和数值范围等。鼠标左键单击工作台的"实时数据库"窗口标签,进入实时数据库窗口。

① 新增对象　按"新增对象"按钮,在窗口的数据变量列表中,增加新的数据变量,多次按该按钮,则增加多个数据变量,系统缺省定义的名称为"Data1""Data2""Data3"等,如图1-3-6所示。

资源1.13
录屏-定义数据
对象操作

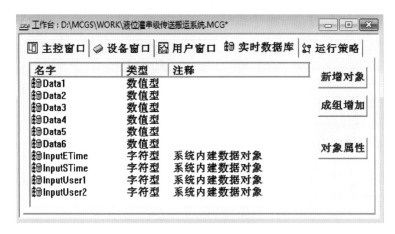

图1-3-6　数据对象组态界面

② 变量属性设置：选中变量，按"对象属性"按钮或双击选中变量，则打开对象属性设置窗口，在"基本属性"标签下，首先选择"对象类型"，再进行"对象定义"，最后完成对象内容注释。

以水泵为例，其对象类型为"开关型"，对象内容注释为"控制水泵启动、停止的变量"，如图1-3-7所示；以液位1为例，其对象类型为"数值"，对象内容注释为"储液罐的液位高度"，小数位"2"，液位范围为0.00～30.00m，如图1-3-8所示。其他变量组态过程相类似。

资源1.14
微课-数据对象
类型

图1-3-7　水泵属性设置　　　　　图1-3-8　液位1属性设置

"液位组"变量的属性设置。基本属性的对象名称为液位组，对象类型为组对象，其他不变；在存盘属性中，数据对象值的存盘选中定时存盘，存盘周期设为5s；在组对象成员中选择"液位1""液位2"，具体设置如图1-3-9所示，历史数据组变量的组态过程与其相类似，组对新成员为"液位1""液位2"和"水平位移"。

图1-3-9　组对象属性设置窗口

最终，案例工程中组态完成的实时数据库如图1-3-10所示。

图1-3-10　其他数据对象属性设置窗口

2.动画连接设置

静态图形画面是静止不动的，不能反映企业生产现场的实际运行过程，因此需要对这些图形对象进行动画设计，真实地描述外界对象的状态变化，达到过程实时监控的目的。

MCGS实现图形动画设计的主要方法是将用户窗口中图形对象与实时数据库中的数据对象建立相关性连接，并设置相应的动画属性。在系统运行过程中，图形对象的外观和状态特征，由数据对象的实时采集值驱动，从而实现了图形的动画效果。

（1）储液罐和贮罐动画连接

在"系统控制"用户窗口中，选中储液罐双击弹出"单元属性设置"对话框，打开"动画连接"选项卡，选中图元名"矩形"则会在右侧出现"？和>"，点击">"按钮进入"动画组态属性设置"对话框。打开"属性设置"选项卡，静态属性一般默认选择，储液罐的液位上升和下降的变化是矩形"蓝色标尺"随着液位的变化而变化，即液位大小的变化，因此，在"属性设置"对话框的"位置动画连接"中，选中"大小变化"，则在"属性设置"对话框的旁边会出现"大小变化"的选项卡，如图1-3-11所示。单击"大小变化"选项卡，首先建立图元名"矩形"（储液罐液位标尺）与实时数据库中"液位1"数据对象的关联，即单击"表达式"区域右边的"？"，打

资源1.15
录屏-动画连接
操作

开"变量选择"对话框，选择"液位1"，双击确认，接着设置"矩形"（储液罐液位标尺）变化0%～100%，对应液位1的量程0～30m，并设置液位变化方向为"↑"，"确认"完成，如图1-3-12所示。

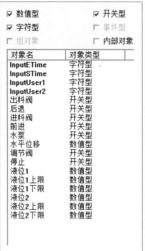

图1-3-11 液位1动态属性设置

图1-3-12 液位1和液位2大小变化属性设置

贮罐液位的升降动画连接与储液罐相类似，对应连接表达式的变量为"液位2"，且表达式的值为0～10m，如图1-3-12所示。

（2）水泵、阀门的动画连接

在"系统控制"用户窗口中，选中调节阀双击弹出"单元属性设置"对话框，进入"动画连接"选项卡发现，图元下出现三个组合图符，其连接类型分别为按钮输入、填充颜色和按钮输入，而连接表达式均为@开关量。对组合图形的区别，可通过分解对象元件库进行了解，以本案例的调节阀为例，可将其分解为阀门上部的圆形调节部分和下部的管道部分两个组合图形（如图1-3-13所示）。上部的组合图形具备有"按钮输入"和"填充颜色"两种连接类型（对应图元名3和图元名2），即系统运行时，单击该部分区域可以启动和停止该阀门，同时，填充颜色指启动和停止时阀门

资源1.16
微课 - 图元与动画连接

状态的颜色；下部的组合图形的连接类型的"按钮输入"（图元名1），即系统运行时，单击该部分区域可以启动和停止该阀门。

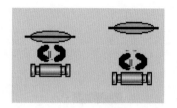

图1-3-13　调节阀图元的分解

调节阀的动画连接，单击第一个图元名"组合图符"，在右侧出现"？和>"，点击">"按钮进入"动画组态属性设置"对话框，对"按钮动作"设置"数据对象（调节阀）值操作取反"，如图1-3-14所示，即运行时单击调节阀上部组合图形，调节阀的状态会取反，即启动切换为停止，反之亦然；单击第三个图元名"组合图符"，单击">"按钮进入"动画组态属性设置"，打开"填充颜色"选项卡，其表达式的变量为"调节阀"，当调节阀是停止状态时，即分段点"0"，调节阀上部的颜色为红色，反之是绿色；打开"按钮动作"选项卡，其设置方法与第一个图元名"组合图符"相同，确定返回"单元属性设置-动画连接"对话框发现，第二个图元名"组合图符"也对应设置完成。

图1-3-14　调节阀动态属性设置

如此，在运行时无论单击调节阀的上部分还是下部分，其状态都会对应取反切换。

水泵的动画连接方法与调节阀类似，如图1-3-15所示。

图1-3-15　水泵动画属性设置

进料阀的动画连接设置。双击进料阀打开"单元属性设置"对话框，单击"动画连接"选项卡，其图元名有"组合图符"和"折线"，连接类型有"按钮输入"和"可见度"之分。"组合图符"是该类阀门下部的阀体部分，其"按钮输入"与调节阀和水泵类似，运行时单击该图形的阀体部分，可以打开/关闭阀门，两个"折线"图元名是指阀门上部的手柄部分，有阀门状态的指示作用，如当阀门运行时，绿色手柄显示，红色手柄不显示。

"组合图符"的动画连接方式如调节阀，表达式对应的变量为进料阀。单击第一个"折线"，单击右侧出现的">"，在"属性设置"选项卡中，设置静态属性的填充颜色为"绿色"，查看其特殊动画连接为"可见度"，打开"可见度"选项卡，表达式与图符的关系为：当进料阀开启（进料阀=1，运行状态）时，绿色的手柄是可见的。同理可设置第二个折线的动画连接，如图1-3-16所示。

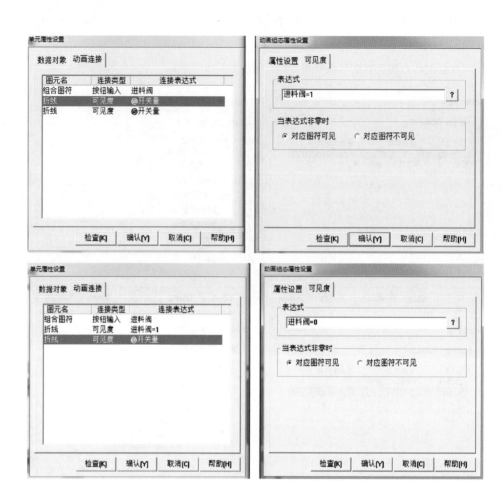

图1-3-16　进料阀属性设置

　　出料阀的动画连接方式与进料阀相类似，表达式的变量为"出料阀"，如图1-3-17所示。

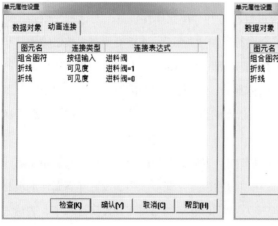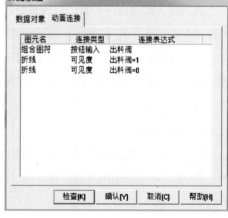

图1-3-17　出料阀的属性设置

（3）开关的动画连接

以水泵开关动画连接为例，双击水泵"启动"按钮，进入"标准按钮构建属性设置-操作属性"，选择"数据对象值操作"，当按下该启动按钮时，实时数据库的"水泵"变量置1操作，即水泵=1，水泵启动。双击水泵"停止"按钮，进入相同对话框，选择"数据对象值操作"，当按下该停止按钮时，实时数据库的"水泵"变量清0操作，即水泵=0，水泵停止。如图1-3-18所示。其他设备的启动和停止按钮，液罐车的"前进"、"停止"和"后退"按钮动画连接相似，区别是连接的变量不同。

资源1.17
微课-开关数据
对象值操作

图1-3-18　开关的动画属性设置

（4）指示灯动画属性

以水泵指示灯动画连接为例，双击水泵指示灯，进入"单元属性设置"对话窗口发现，其图元名由两个"组合图符"，其连接类型均为"可见度"。将指示灯分解如图1-3-19所示，包括了指示灯底座，红、绿两个图符，在这里两个图元名分别是"红色"图符和"绿色"图符。即水泵运行时（水泵=1），绿色图符显示，红色图符不显示，水泵停止时（水泵=0），绿色图符不显示，红色图符显示。因此指示灯的动画连接有以下几种常用实现方式。

✏ 笔记

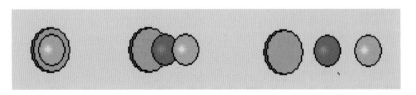

图1-3-19　指示灯图元分解图

方式1：对应图符不可见和对应图符可见，表达式相同，如图1-3-20所示。

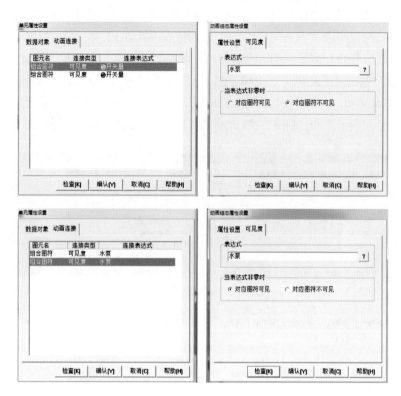

图1-3-20　指示灯属性设置方法1

方式2：对应图符均可见，表达式条件不同，如图1-3-21。

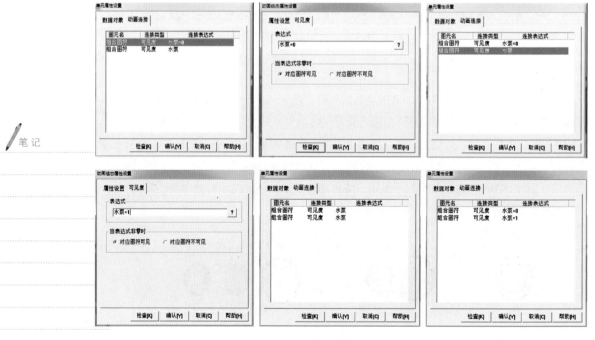

图1-3-21　指示灯属性设置方法2

（5）液罐车水平移动效果

液罐车是"对象元件"，其动画连接通过双击对象打开"单元属性设置"来实现，对液罐车水平移动效果进行动画连接，单击"动画连接-组合图符"，打开右侧的">"进入"动画组态属性设置"，表达式为"水平位移"变量，其移动偏移量0～320，对应水平位移（表达式的值）为0～500。如图1-3-22。

资源1.18
微课-移动偏移量和表达式的值

思考｜ 液罐车水平位移是500？ 其移动偏移量是320？

图1-3-22　液罐车动画连接

（6）液体流动效果

液体流动效果是通过设置流动块构件的属性实现的。本案例中的流动块分为两段，流动条件各不相同。双击水泵与储液罐之间的流动块，弹出"流动块构件属性设置"对话框，打开"流动属性"选项卡，流块开始流动的条件是水泵是运行状态，即"水泵=1"，如图1-3-23所示。

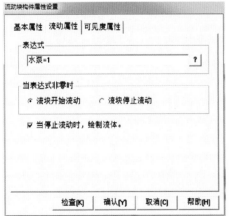

笔记

图1-3-23　液罐车属性设置

　　储液罐和贮罐之间的流动块的动画连接方法与第一段流动块类似，但流动条件需要同时满足调节阀和出料阀均为运行状态，即表达式为：调节阀=1 and 出料阀=1。

　　至此动画连接已完成，按F5进入运行环境。这时的画面仍是静止的，移动鼠标到"水泵"、"调节阀"、"进料阀"和"出料阀"设备的红色部分单击（或者按下各设备的启动按钮），红色部分变为绿色，同时流动块相应地运动起来，如图1-3-24所示。

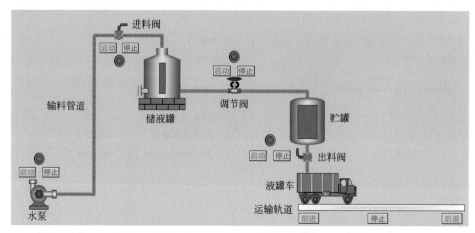

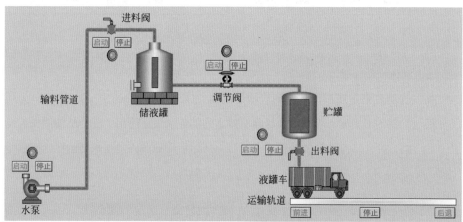

图1-3-24　系统动态画面运行调试

任务 4

系统控制流程组态

【学习目标】

知识点 ▶▶

知识点1：应知滑动输入器构件　　知识点2：应知旋转仪表构件

知识点3：应知模拟输入设备配置方法　　知识点4：应知脚本程序编写方法

技能点 ▶▶

技能点1：应会滑动输入器构件动态属性配置

技能点2：应会旋转仪表构件动态属性配置

技能点3：应会模拟输入设备配置

技能点4：应会动态数据显示配置

技能点5：应会循环策略组态

【任务导入】

　　经过任务3的动画显示画面组态学习，系统仿真运行后发现，储液罐和贮罐的液位仍没有变化，即没有随着水泵、调节阀、进料阀和出料阀的开启和流动块的流动显示液位的上升或下降变化。这是由于系统没有液位信号输入，原料液位改变动作没有发生（无论手动还是自动方式）。如何实现液位信号的输入，并按照控制要求实现液位控制和液罐车移动控制是本任务需要解决的问题。

笔记

【任务分析】

　　液位/位移信号的输入，在MCGS组态平台上可分为手动输入（软件输入器或者模拟输入设备）和自动输入（外部真实设备）两种。在本书中，主要讲解手动输入方式，并通过策略设计实现液位控制和水平位移控制。

　　1.手动输入，主要包括以下。

　　① 通过"滑动输入器"构件使液位动态效果进行显示。

　　② 通过"滑动输入器"构件使水平移动动态效果进行显示。

③ 通过前进、停止、后退操作，基于循环策略"脚本程序"实现液罐车水平位移手动控制。

2.优化完善，主要包括以下。

① 液位值仪表显示、液位值数字显示。

② 液罐车水平位移仪表显示、水平位移数字显示。

3.自动控制，主要包括以下。

① 通过"模拟设备"实现液位升降控制。

② 通过"模拟设备"和"脚本程序"实现液位自动控制。

③ 通过手自动切换开关和设备操作策略实现模拟设备的启动和停止。

【任务实施】

一、基于"滑动输入器"的手动控制组态

资源1.19
录屏-手动控制
操作组态

为了布局美观和监控方便，先组态输入仪表盘。在"工具箱"中单击"常用符号"构件，在它的工具箱中选中凹平面图符，当鼠标变为"十"后，拖动鼠标到适当大小。再选中凹槽平面图符，在凹平面上拖动适当大小，留出凹平面四周轮廓。并设置凹平面的静态填充颜色为"深绿"，并组态说明文字，完成"输入仪表盘"的组态，如图1-4-1所示。

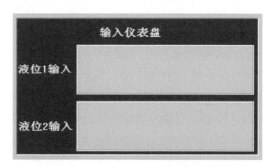

图1-4-1　输入仪表盘组态

笔记

打开工具箱，单击"滑动输入器"构件，当鼠标变为"十"后，在图1-4-1所示仪表盘内拖动鼠标到适当大小，然后双击进入属性设置。以液位1为例，在"滑动输入器构件属性设置"的"操作属性"中，对应数据对象的名称为液位1，滑块从最左到最右时对应储液罐液位1的值为0和30；在"滑动输入器构件属性设置"的"基本属性"中，在"滑块指向"中选中"指向左（上）"，其他不变；在"滑动输入器构件属性设置"的"刻度与标注属性"中,把"主划线数目"改为10，其他不变，确认完成。贮罐液位2的滑动输入器动画连接与液位1相同，液位2量程为0～10，主划线数目为5。效果如图1-4-2所示。

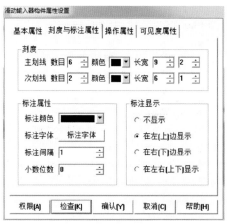

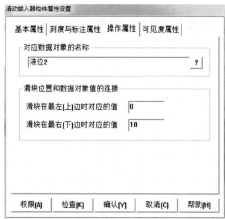

图1-4-2 滑动输入器构件属性设置及效果图

按"F5"或直接按工具条中"进入运行环境"图标，进入运行环境，可以通过拉动滑动输入器而使储液罐和贮罐中的液面动起来，如图1-4-3所示。

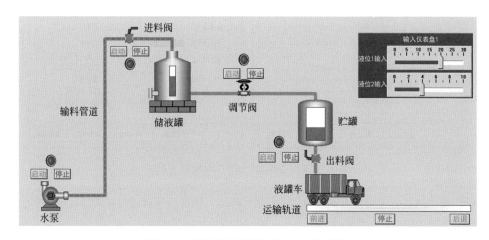

图1-4-3 基于滑动输入器的液位输入动态效果测试

二、液位数值显示组态

1.基于"旋转仪表"构件的数值显示组态

资源1.20
微课 - 数值显示

现场一般都有仪表显示，如果需要在动画界面中模拟现场的仪表运行状态，可通过"旋转仪表"构件实现。在"工具箱"中单击"旋转仪表"构件2个，调整大小放于仪表显示盘的相应位置，双击液位1显示的旋转仪表进行属性设置。"操作属性"选项卡，表达式为"液位1"，旋转仪表的指针位置最大逆时钟和顺时钟角度可根据需要调整，分别对应液位1的量程0 ~ 30m；打开"刻度与标注属性"，设置主划线数目为6。液位2输入的旋转仪表属性设置与液位1类似，如图1-4-4所示。

图1-4-4 液位数据显示的旋转仪表属性设置

按"F5"或直接按工具条中"进入运行环境"图标，可以通过拉动滑动输入器使整个画面动起来，如图1-4-5所示。

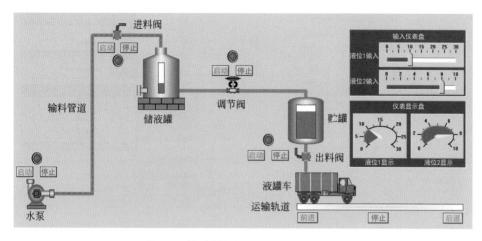

图1-4-5　基于旋转仪表的液位显示动态效果测试

2.基于"标签"构件的数值显示组态

为了能准确了解储液罐和贮罐液位的具体数值，可以通过数字显示其值的方式实现。在"工具箱"中单击"标签"图标，调整大小放在储液罐和贮罐下方合适的位置。双击储液罐液位1显示图标，进入"动画组态属性设置"对话框，可通过输入输出连接"显示输出"设置，进行数值显示。打开"显示输出"选项卡，表达式为显示的变量，这里为液位1，且为数值量输出类型，整数位数2位，小数位数可根据工艺参数精度要求进行设置。贮罐液位2数值显示方式与液位1相似，如图1-4-6所示。

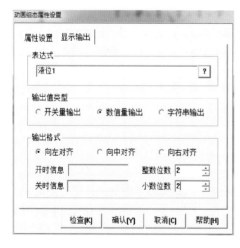

图1-4-6　液位数据显示的标签属性设置

按"F5"或直接按工具条中"进入运行环境"图标，可以通过拉动滑动输入器使整个画面动起来，如图1-4-7所示。

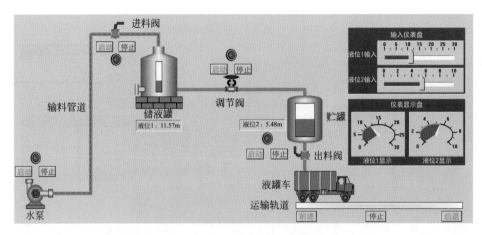

图1-4-7　基于标签的液位显示动态效果测试

按照以上方法，完成液罐车的滑动输入器信号输入、旋转仪表数值显示和标签数值显示，按"F5"或直接按工具条中"进入运行环境"图标，可以通过拉动滑动输入器使整个画面动起来，如图1-4-8所示。

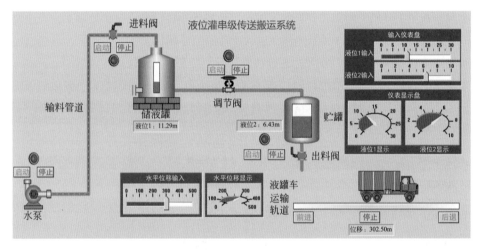

图1-4-8　信号输入与数值显示动态效果测试

三、基于"模拟设备"的液位升降控制组态

模拟设备是MCGS软件根据设置的参数产生一组模拟曲线的数据，以方便调试工程使用，这类设备可以产生标准的正弦波、方波、三角波、锯齿波信号，且其幅值和周期都可以任意设置。

通过模拟设备，可以使动画自动运行起来，而不需要手动操作。在这里，以液位1自动控制为例进行动态设置。

在"设备窗口"中双击"设备窗口"进入，单击工具条中的"工具箱"图标，打开"设备工具箱"，双击"设备管理"，如图1-4-9所示。

资源1.21
微课 - 模拟设备

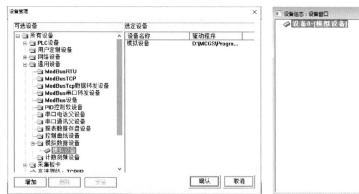

图1-4-9　设备管理窗口

如果在"设备工具箱"中没有发现"模拟设备",请单击"设备工具箱"中的"设备管理"进入。在"可选设备"中可以看到MCGS组态软件所支持的大部分硬件设备。在"通用设备"中打开"模拟数据设备",双击"模拟设备",按确认后,在"设备工具箱"中就会出现"模拟设备",双击"模拟设备",则会在"设备窗口"中加入"模拟设备"。

在设备窗口双击"设备0-[模拟设备]",进入模拟设备属性设置。如图1-4-10所示。

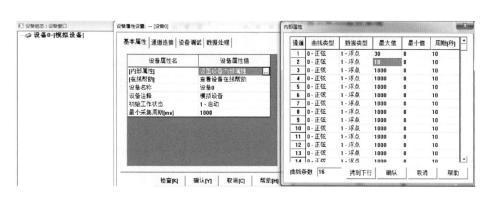

图1-4-10　设备属性设置

在"设备属性设置"中,点击"内部属性",会出现"…"图标,单击进入"内部属性"设置,把通道1的最大值设为30,通道2的最大值设为10,其他不变,设置好后按"确认"按钮退到"基本属性"选型卡。打开"通道连接"选项卡,"对应数据对象"中输入变量,第一个通道对应输入液位1,第二个通道对应输入液位2,或在所要连接的通道中单击鼠标右键,到实时数据库中选中"液位1""液位2",双击也可把选中的数据对象连接到相应的通道。在"设备调试"中可看到数据变化,如图1-4-11所示。

按"F5"或直接按工具条中"进入运行环境"图标,不需要手动拖拉输入仪表盘的滑动输入块指针,液位升降效果自动控制实现了,如图1-4-12所示。

笔记

图1-4-11 模拟设备属性设置

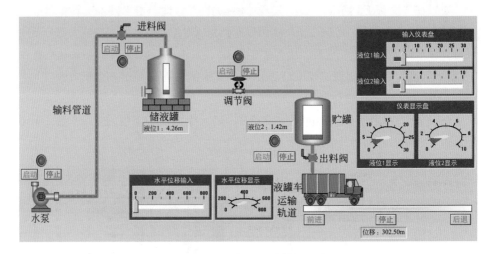

图1-4-12 液位自动控制动态效果测试

在上述液位动态效果显示中，调节阀不会根据储液罐和贮罐的液位高低自动开启或关闭，即无法实现恒液位控制系统（按照用户要求实现液位自动控制）。

四、基于"策略组态"的控制组态

一般简单的应用系统，其自动控制基于MCGS的简单组态就可完成，只有比较复杂的系统，才需要使用脚本程序，但正确地编写脚本程序，可简化组态过程，大大提高工作效率，优化控制过程。

1.液位自动控制组态

当储液罐的液位大于等于28m时，自动关闭水泵和进料阀，否则自动启动水泵和进料阀；当贮罐的液位不足1m时，自动关闭出料阀，否则自动开启调节阀；当储液罐的液位大于5m，同时贮罐的液位小于6m就要自动开启调节阀，否则自动关闭调节阀。

打开"运行策略"窗口，进入策略组态。

资源1.22
微课-策略组态

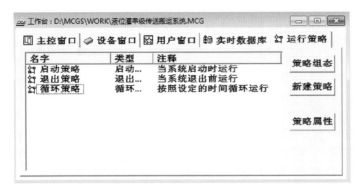

图1-4-13　运行策略窗口

如图1-4-13所示，"运行策略"窗口包括了"启动策略"和"退出策略"，是窗口在窗口启动和退出时自动运行的策略，只运行一次，而"循环策略"是在窗口存在时一直按设定的时间间隔循环执行的策略。因此，在这里对液位自动控制和液罐车水平位移控制均使用"循环策略"。

双击"循环策略"进入策略组态，双击左侧文件夹图标，设置策略属性，如图1-4-14所示，只需要把"循环时间"设为200ms，按确定即可。

在策略组态中，单击工具条中的"新增策略行"图标，则显示如图1-4-15所示。

在策略组态中，如果没有出现策略工具箱，请单击工具条中的"工具箱"图标，弹出"策略工具箱"，如图1-4-16所示。

图1-4-14　循环策略属性设置

图1-4-16　策略工具箱

图1-4-15　策略行

单击"策略工具箱"中的"脚本程序"，把鼠标移出"策略工具箱"，会出现一个"小手"，把"小手"放在策略行最右端的矩形块上，单击鼠标左键，则显示如图1-4-17所示。

按照设定的时间循环运行

脚本程序

图1-4-17　脚本程序策略行

双击最右端的"脚本程序"图标，进入编辑环境，在左下方的"标注"栏内，输入"液位自动控制"对该脚本程序进行注释说明，按照液位自动控制要求，输入如下程序。

```
IF 液位1<28 THEN
    水泵=1
    进料阀=1
ELSE
    水泵=0
    进料阀=0
ENDIF
IF 液位2<1 THEN
    出料阀=0
ELSE
    出料阀=1
ENDIF
IF 液位1>2 and 液位2<6 THEN
    调节阀=1
ELSE
    调节阀=0
ENDIF
```

素质拓展阅读

代码的规范性，
培养精益求精的
工匠精神

按"确认"退出，脚本程序就编写好了，进入运行环境，系统按照所需要的控制流程，出现相应的动画效果，如图1-4-18所示。

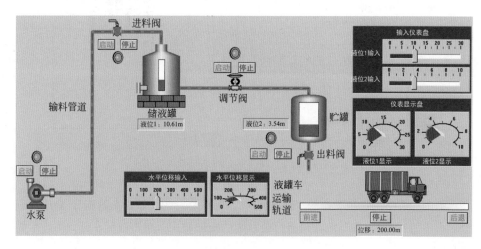

图1-4-18　基于策略组态的液位自动控制动态效果测试

在"模拟设备"和"脚本程序"配合实现系统的自动控制运行期间,对水泵、储液罐、贮罐、调节阀等设备进行手动调试时发现,手动控制不能明确实现。如何在当前组态的基础上,实现液位手动控制与液位自动控制的灵活切换?

2.液位控制的手自动切换组态

资源1.23
微课-手自动
切换

在"系统控制"用户窗口中增加"液位手自动切换"按钮,并做如下分析:当按钮首次按下,实时数据库中的"液位手自动切换"变量赋值为1,启动"设备0-[模拟设备]"并且"液位自动控制"程序脚本启动,液位按照控制要求自动运行;当"液位手自动切换"按钮再次按下,实时数据库中的"液位自动控制"变量赋值为0,停止"设备0-[模拟设备]",液位自动控制停止,液位可以进行相应的手动控制。

因此"系统控制"用户窗口的"液位手自动切换"按钮的数据对象值操作为"取反",即按下,液位手自动切换=1,再次按下,取反,液位手自动切换=0,如图1-4-19所示。

图1-4-19 液位手自动切换按钮属性设置

为"液位手自动切换"按钮增加"凹平面"常用符号,放置于最底层,并对其进行动画连接属性设置,当"液位手自动切换"变量=1时,该填充色为绿色,表示液位自动控制,否则为红色,液位手动控制,按钮动画属性设置如图1-4-20所示。

图1-4-20 液位手自动切换按钮动画组态

完成后的系统控制用户窗口静态画面如图1-4-21所示。

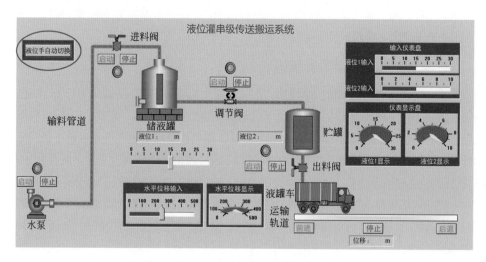

图1-4-21　切换按钮静态画面组态

液位手自动切换按钮组态好了，在这里，需要将"设备窗口"的"设备0-[模拟设备]"的基本属性-初始工作状态改为"0-停止"，即系统运行时，模拟设备处于停止状态（液位手动控制），如图1-4-22所示。

图1-4-22　模拟设备初始工作状态调整

笔记

最后，需要对策略组态进行完善。"液位手自动切换"按钮就如同开关，当"液位自动控制"变量=1时，"设备0"=1且"液位自动控制"脚本程序启动，反之，当"液位自动控制"变量=0时，"设备0"=0（即液位没有模拟输入信号源，自动控制停止了，可以进行手动控制）。

进入"运行策略"窗口-循环策略-策略组态对话框，新增两条策略行（其中一条为启动设备0，另一条为停止设备0），双击第一条策略行的"表达式条件"图标，设置其表达式为"液位手自动切换=1"，当满足该条件时"表达式值非0时条件成立"，该策略行最右面的策略有效，如图1-4-23所示。

笔 记

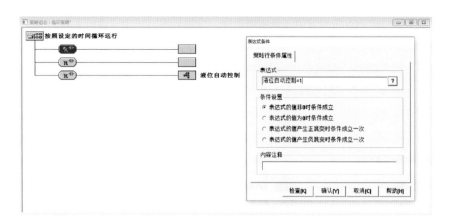

图1-4-23　打开模拟设备0的条件设置

右击第一行策略行最右边的构件，调出策略工具箱，选择"设备操作"，并移动至第一行策略最右边构件上，如图1-4-24所示。

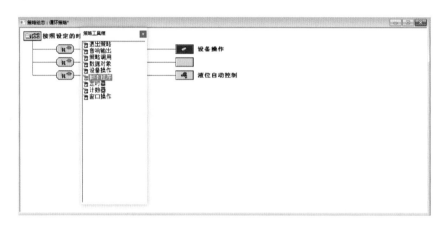

图1-4-24　添加模拟设备

双击该构件，进入"设备操作"，选择"对应设备构件的名称"为"设备0"，设置"操作方法"为"启动设备工作"，输入"内容注释"为"启动模拟设备"，如图1-4-25所示。

图1-4-25　启动模拟设备

按上述同样的方法设置第二条新增策略，设置其表达式为"液位手自动切换=0"，当满足该条件时"表达式值非0时条件成立"，该策略行最右面的策略有效。并对"设备操作"构件选择"对应设备构件的名称"为"设备0"，设置"操作方法"为"停止设备工作"，输入"内容注释"为"关闭模拟输入设备/开启液位手动控制"，如图1-4-26所示。

图1-4-26 关闭模拟设备-手动控制

最后，对第三条策略组态的运行条件进行修改，其表达式与第一条策略相同，即"液位手自动切换=1"时，系统程序运行的是第一条和第三条策略行，液位自动控制，否则运行第二条，液位手动控制，如图1-4-27所示。

图1-4-27 打开模拟设备-自动控制

案例工程保存，按"F5"进入运行环境，首先是初始状态（手动控制），可手动控制水泵等设备，也可拖动滑动输入器控制液位变化，如图1-4-28所示；按下"液位手自动切换"按钮，液位按照所需要的控制自动控制，出现相应的动画效果，如图1-4-29所示；再次按下"液位手自动切换"按钮，又进入液位手动控制环节等，如图1-4-30所示。

（1）启动初始状态

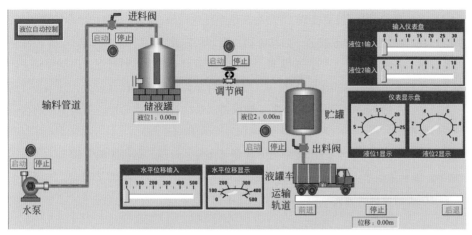

图1-4-28　进入运行环境的初始状态（手动控制）

（2）液位自动控制

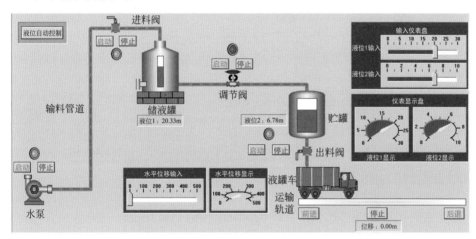

图1-4-29　液位自动控制动态效果测试

（3）液位手动控制

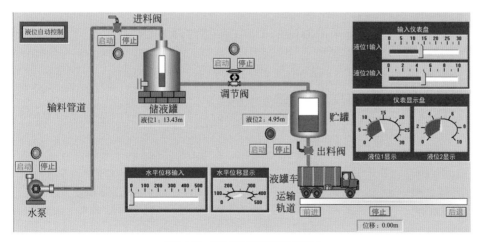

图1-4-30　液位手动控制动态效果测试

3.液罐车水平位移手动控制组态

当液罐车装满原料，发出前进命令，小车缓慢前进，在没有停止命令的前提下，小车一直运动到轨道的最右端，自动停止；当卸料完成发出后退命令时，小车沿原路缓慢后退，在没有停止命令的前提下，小车一直后退至传输轨道起点，自动停止；如果液罐车在前进和后退的运行状态下，无论运行至传输轨道的什么位置，如果接收到停止命令，液罐车必须立即停止不动；如果再次命令其前进或后退，液罐车则再次前进或者后退。

基于"液位罐串级传送搬运系统"案例工作台，打开"运行策略"窗口，进入策略组态-循环策略-策略组态：循环策略，在液位控制的三条策略的基础上，为液罐车水平位移手动控制新增加一行策略，如图1-4-31所示。

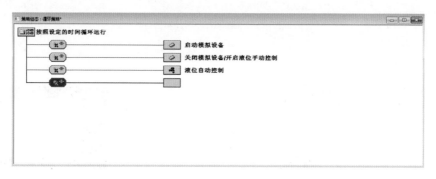

图1-4-31　液罐车水平位移手动控制策略行

该策略表达式条件为默认，在其策略行最右侧构件部分，与液位第三条策略行一样，为其配置"脚本程序"构件，并输入以下脚本程序：

IF 前进=1 AND 后退=0 AND 停止=0 AND 水平位移<500 THEN
水平位移=水平位移+20
ELSE
前进=0
ENDIF
IF 后退=1 AND 前进=0 AND 停止=0 AND 水平位移>0 THEN
水平位移=水平位移-20
ELSE
后退=0
ENDIF
IF 停止=1 THEN
后退=0
前进=0
停止=0
ENDIF

按"确认"退出，脚本程序就编写好了。

进入运行环境，液罐车水平位移按照控制要求实现手动控制，实现相应的控制效果，如图1-4-32所示。

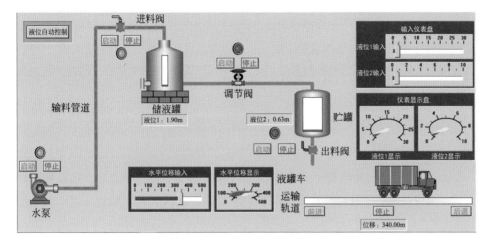

图1-4-32　水平位移手动控制动态效果测试

任务5

系统报警显示组态

【学习目标】

知识点 ▶▶

知识点1：应知报警限值的类型　　　知识点2：应知报警显示构件功能

知识点3：应知报警数据浏览构件功能　知识点4：应知输入框构件功能

技能点 ▶▶

技能点1：应会变量报警定义

技能点2：应会报警显示构件属性组态

技能点3：应会报警浏览策略组态

技能点4：应会主控窗口菜单与策略的关联

技能点5：应会输入框属性组态

技能点6：应会指示灯属性组态

【任务导入】

在实际运行环境中，需要实时显示关键工程量的报警信息，浏览实时报警数据，对报警发生进行指示等，经常也要求能根据产品批次不同对工艺要求不同等特点对报警限值进行在线调整，这些监控需求，在MCGS工作台可通过报警显示构件、报警数据浏览策略、输入值构件和报警指示灯，并辅以实时数据库变量连接的属性设置来实现。

【任务分析】

储液罐液位1和贮罐液位2报警组态，主要实现报警信息的显示、报警数据的浏览、报警限值的修改和报警状态的指示等功能，而在此之前，报警信息的定义是基本。

① 定义液位报警信息，对储液罐"液位1"和贮罐"液位2"的报警限值及报警信息存储进行组态。

② 制作报警显示画面，基于"报警显示"构件，对"液位组"变量组态，实现"液位组"报警信息的显示。

③ 制作报警数据浏览，基于"报警信息浏览"构件，在运行策略中进行策略组态，并通过运行环境的报警数据菜单实现报警数据浏览。

④ 制作修改报警限值，基于"输入框"构件，对液位1和液位2的报警上限值和下限值进行数据连接，实现报警限值在运行环境下的实时修改。

⑤ 制作报警提示警灯，对液位1和液位2的报警状态通过报警指示灯的动态效果显示其运行状态。

【任务实施】

MCGS把报警处理作为数据对象的属性，封装在数据对象内，由实时数据库来自动处理。当数据对象的值或状态发生改变时，实时数据库判断对应的数据对象是否发生了报警或已产生的报警是否已经结束，并把所产生的报警信息通知给系统的其它部分，同时，实时数据库根据用户的组态设定，把报警信息存入指定的存盘数据库文件中。

资源1.24
录屏-报警显示
组态

一、液位报警定义

以储液罐"液位1"变量为例，定义液位报警信息，按照报警要求，液位1有上限报警，报警值为28m和下限报警，报警值为1m。基于"液位罐串级传送搬运MCGS监控系统"工作台，进入"实施数据库"，双击"液位1"进行数据对象属性设置。

如图1-5-1所示，打开"报警属性"选项卡。选中"允许进行报警处理"；在报警设置中选中"上限报警"，同步设置其报警值为28，报警注释为储液罐液位1已达上限值；在报警设置中选中"下限报警"，同步设置报警值为1，报警注释为储液罐液位1接近空罐。

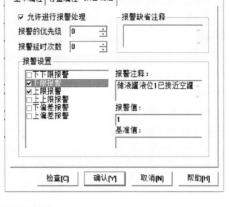

图1-5-1 液位报警属性组态

打开"存盘属性"选项卡，在报警数值的存盘中，选中"自动保存产生的报警信息"，如图1-5-2所示。

图1-5-2 液位报警存盘组态

按照液位1报警信息的设置方法，完成液位2的报警组态。

二、报警信息显示组态

实时数据库只负责关于报警的判断、通知和存储三项工作，而报警产生后的报警显示，则需要进行报警显示组态。打开用户窗口，进入"数据显示"用户窗口，从"工具箱"中单击"报警显示"构件图标，变"十"后用鼠标拖动到适当位置与大小，并使用"工具箱"中"A"标签，完成如图1-5-3所示的报警显示静态画面组态。

图1-5-3　报警显示界面

双击该报警显示构件，打开"报警显示构件属性设置"对话框，对报警显示信息进行设置，把"对应的数据对象的名称"改为液位组（包括液位1和液位2的组对象），"最大记录次数"为10条，其他默认完成，如图1-5-4所示。

图1-5-4　报警显示属性设置

按"F5"或直接按工具条中"进入运行环境"图标，运行环境中的报警显示看不到，这是因为报警显示组态在"数据显示"用户窗口，而系统运行的启动窗口设置的是"液位控制"用户窗口。可在进入运行环境后，单击系统管理主菜单，选择"用户窗口管理"选项卡，弹出"用户窗口管理"，选中数据显示并确定，此时，可以打开"数据显示"用户窗口，并看到报警显示，如图1-5-5所示。

液位报警显示							
时间	对象名	报警类型	报警事件	当前值	界限值	报警描述	
10-17 17:20:31	液位1	下限报警	报警结束	3.86067	1	储液罐液位1已接近空罐	
10-17 17:20:34	液位1	上限报警	报警产生	28.2165	28	储液罐液位1已达上限值	
10-17 17:20:36	液位1	上限报警	报警结束	25.6202	28	储液罐液位1已达上限值	
10-17 17:20:40	液位1	下限报警	报警产生	0.274448	1	储液罐液位1已接近空罐	

图1-5-5　报警显示动态效果测试

上述方法操作非常麻烦，可通过灵活运用菜单进行窗口显示调用。在MCGS工作平台上，打开"主控窗口"，单击"菜单组态"进入，双击"数据显示"主菜单，弹出"菜单属性设置"窗口，如图1-5-6所示。

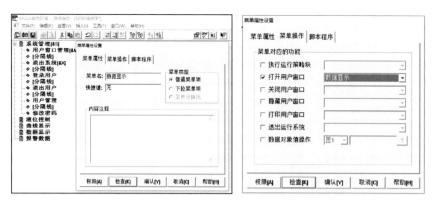

图1-5-6 数据显示菜单设置

按"F5"进入运行环境后，单击菜单项中的"数据显示"会打开"数据显示"窗口，实时数据就会显示出来。

三、报警数据浏览组态

在报警定义时，当有报警产生时，自动保存产生的报警信息，如何查看是否有报警数据存在。

打开"运行策略"窗口，单击"新建策略"按钮，弹出"选择策略的类型"，选中"用户策略"确定，如图1-5-7所示。这样增加了一个名为"策略1"的用户策略，双击该策略，进入策略组态，弹出"策略属性设置"窗口，把"策略名称"设为"报警数据"，"策略内容注释"为"液位报警数据"按确认。

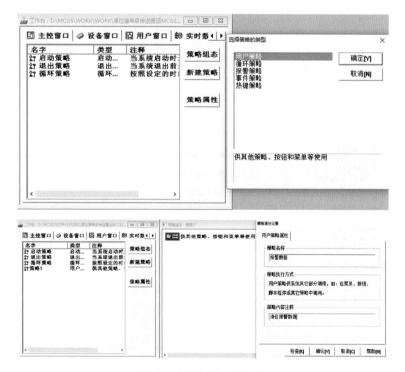

图1-5-7 报警数据策略属性设置

在策略组态中，选中"报警数据"，右键调出菜单，单击"新增策略行"图标，新增加一个策略行。再从"策略工具箱"中选取"报警信息浏览"，加到策略行该策略右侧的策略构件上。并双击策略行上"报警信息浏览"构件，打开"报警信息浏览构件属性设置"对话框，在"基本属性"中设置"报警信息来源"的"对应数据对象"为液位组，确认退出，如图1-5-8所示。

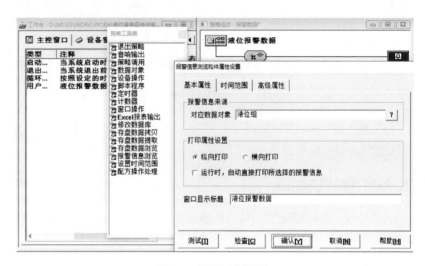

图1-5-8　报警信息浏览组态

按"测试"按钮，进入"报警信息浏览"。

如何在运行环境中看到刚才的报警数据呢？在这里使用到任务2中定义的菜单。通过菜单与策略之间的动态链接，实现运行环境中对报警数据的查看。

进入工作台的"主控窗口"，双击"主控窗口"按钮打开菜单组态对话框，双击"报警数据"菜单，打开"菜单操作"选项卡，选中"执行运行策略块"并配置为"报警数据"，即运行环境中，单击"报警数据"菜单，可直接浏览液位报警数据，如图1-5-9所示。

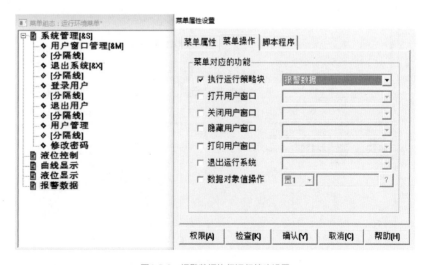

图1-5-9　报警数据执行运行策略设置

笔记

按"F5"或直接按工具条中的"进入运行环境"图标，可以通过菜单"报警数据"打开报警历史数据，如图1-5-10所示。

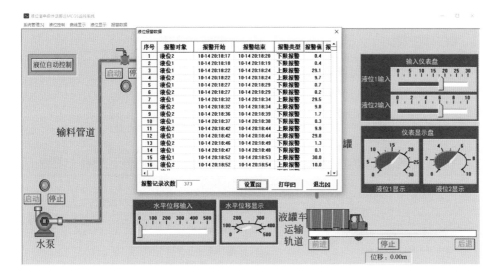

图1-5-10 报警信息浏览动态效果测试

四、修改报警限值组态

在"实时数据库"中，对"液位1"、"液位2"的上下限报警值都定义好了，如果想在运行环境下根据实际情况随时需要改变报警上下限值，可以通过MCGS组态软件中大量的函数实现该功能。

打开"用户窗口"，选中"液位控制"进入，使用工具箱"常用符号"的凹平面图标和凹槽平面图标，绘制限值修改限值区域。单击工具箱"ab|"输入框构件，在该区域内，放置如图1-5-11所示的4个输入框。

资源1.25
微课-报警限值
修改组态

图1-5-11 报警限值修改输入框

素质拓展阅读

修改报警限值，
高质量发展
才是硬道理

双击第一个输入框，打开"输入框构件属性设置"对话框，单击"操作属性"选项卡，设置对应数据对象名称为"液位1上限"，液位1上限值修改的范围为20~30m，如图1-5-12所示。同样的，设置液位1下限值输入框、液位2上限值、下限值输入框分别见图1-5-13所示。

图1-5-12　液位1限值修改输入框属性设置

图1-5-13　液位2限值修改输入框属性设置

此时，进入运行环境，液位报警限值并不能修改，还需要在"运行策略"窗口的"循环策略-液位自动控制"程序脚本中，添加如下的程序代码。

笔记

!SetAlmValue(液位1,液位1上限,3)
!SetAlmValue(液位1,液位1下限,2)
!SetAlmValue(液位2,液位2上限,3)
!SetAlmValue(液位2,液位2下限,2)

!SetAlmValue(DatName,Value,Flag)函数的功能是设置数据对象DatName对应的报警限值，参数DatName：数据对象名；Value：新的报警值，数值型；Flag：数值型，标志要操作何种限值，Flag=1下下限报警值，=2下限报警值，=3上限报警值，=4上上限报警值，=5下偏差报警限值，=6上偏差报警限值，=7偏差报警基准值。

使用条件需满足数据对象DatName已设置"允许进行报警处理"报警属性，数据对象DatName不能为组对象、字符型数据对象、事件型数类型。当DatName为数值型

数据对象，用Flag来标识改变何种报警限值。例如，!SetAlmValue（电机温度，200，3），把数据对象"电机温度"的报警上限值设为200。

运行系统，可以实现在线修改报警限值，如图1-5-14和图1-5-15所示。

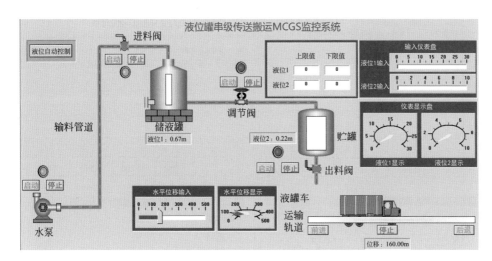

图1-5-14　液位限值修改动态效果测试初始值

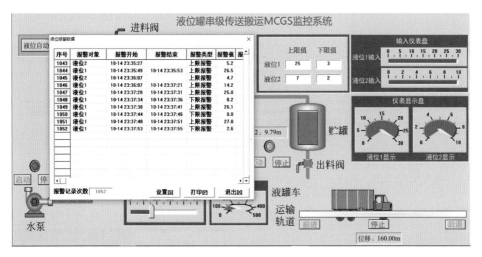

图1-5-15　液位限值修改动态效果测试

五、液位报警指示组态

在实际应用中，生产现场和控制室都配置有报警灯，当有报警产生时，指示灯通过灯光或者声音进行醒目警示。

从工具箱的"插入元件"构件中，选取对象元件库管理的指示灯14和指示灯11分别为液位1和液位2液位报警指示灯，双击"报警指示灯1"进入单元属性设置，打开"动画连接"选项卡，设置组合图符的连接表达式如图1-5-16所示。

思考　组合图符1和组合图符2分别对应正常显示还是报警显示

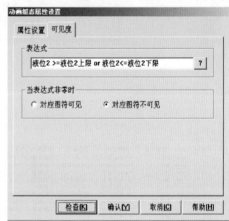

图1-5-16　报警指示灯属性设置

进入运行环境，系统运行整体效果如图1-5-17所示。

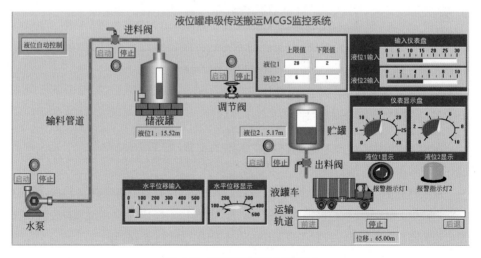

图1-5-17　液位报警指示动态效果测试

任务6

系统报表曲线组态

【学习目标】

知识点 ▶▶

知识点1：应知数据报表类型和实现方法

知识点2：应知数据曲线类型和实现方法

知识点3：应知历史报表菜单打开方法

技能点 ▶▶

技能点1：应会实时报表构件组态

技能点2：应会历史报表构件组态

技能点3：应会历史报表策略构件组态及与主控窗口菜单关联

技能点4：应会实时曲线构件组态

技能点5：应会历史曲线构件组态

【任务导入】

在工程应用中，一方面数据报表在工控系统中是必不可少的一部分，是数据显示、查询、分析、统计、打印的最终体现，而大多数监控系统需要对数据采集设备采集的数据进行存盘，统计分析，并根据实际情况打印出数据报表，如实时数据报表、历史数据报表等。另一方面，必须根据大量的数据信息，画出曲线，分析曲线的变化趋势并从中发现数据变化规律，如实时曲线、历史曲线等。

【任务分析】

1.数据报表在实际工程应用中使用较多的是实时报表和历史报表

（1）实时数据报表

实时数据报表是实时的将当前时间的数据变量按一定报告格式（用户组态）显示和打印，即对瞬时量的反映。实时报表往往不仅关注连续变量，如液位等的实时数据，对关键设备，如泵、阀等的实时状态也需要进行记录和报表输出。

笔记

实时报表对象：在案例工程中，可确定记录和输出液位1，液位2的液位数据和水平位移数据，水泵、进料阀、调节阀和出料阀的状态值为实时数据对象。

实时报表构件：自由表格构件。

（2）历史数据报表

历史报表通常用于从历史数据库中提取数据记录，并以一定的格式显示历史数据。历史报表一般是连续变量数据信息的记录和输出。

历史报表对象：在案例工程中，可确定液位1，液位2的历史液位数据和历史水平位移数据。

历史报表构件："历史表格"构件或者"存盘数据浏览"构件。

2.数据曲线在实际工程应用中使用较多的是实时曲线和历史曲线

（1）实时曲线

实时曲线构件是用曲线显示一个或多个数据对象数值的动画图形，像笔绘记录仪一样实时记录数据对象值的变化情况。

实时曲线对象：在案例工程中，可确定记录和绘图的数据对象为液位1，液位2和水平位移连续变量，且实时数据变化可以描画出数据曲线。

（2）历史曲线

历史曲线构件实现了历史数据的曲线浏览功能。运行时，历史曲线构件能够根据需要画出相应历史数据的趋势效果图。历史曲线主要用于事后查看数据和状态变化趋势和总结规律。

历史曲线对象：在案例工程中，可确定记录和绘图的数据对象为液位1，液位2和水平位移连续变量，且历史数据变化可以描画出数据曲线。

素质拓展阅读

历史报表，"数"读二十大报告新时代十年发展成绩单

【任务实施】

一、数据报表组态

在MCGS组态平台上，选中"用户窗口"的"液位显示"进入动画组态，单击工具箱的"标签"图符和"常用符号"的"凹平面"和"凹槽平面"，在"液位显示"用户窗口画布中，编辑如图1-6-1所示的报表说明。

资源1.26
录屏-数据报表组态操作

1.实时报表组态

在"工具箱"中单击"自由表格"图标，拖放到实时数据区域，如图1-6-2所示。双击表格进入，如要改变单元格大小，请把鼠标移到A与B或1与2之间，当鼠标变化时，拖动鼠标即可；单击鼠标右键进行编辑，如图1-6-2所示。

在自由表格构件中，将A列编辑为需要记录显示的数据对象内容，液位1，液位2，水泵，进料阀，调节阀，出料阀，水平位移，B列确定为以上数据对象的实时数据。因此，自由表格需要编辑为7行和2列，并在A列输入以上7个数据对象，如图1-6-3所示。

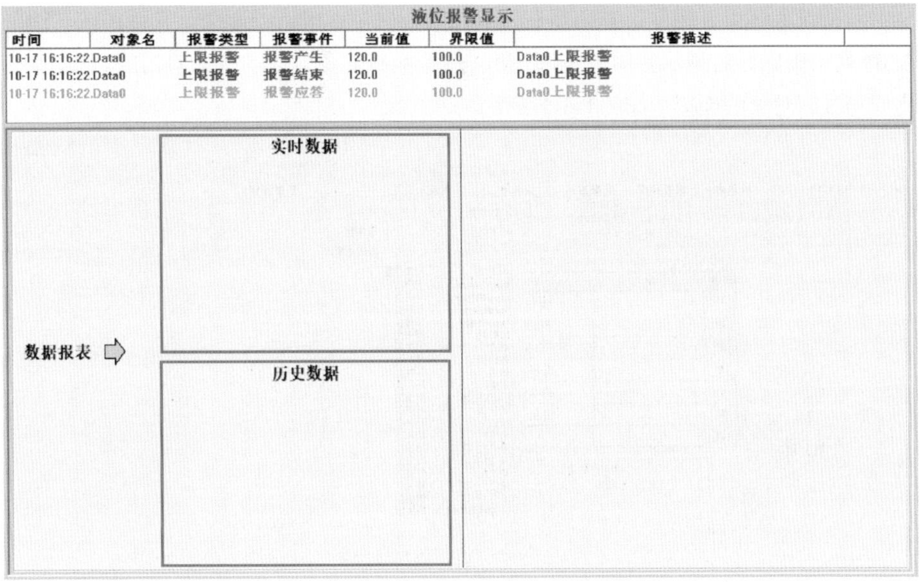

图1-6-1 实时报表绘制区域

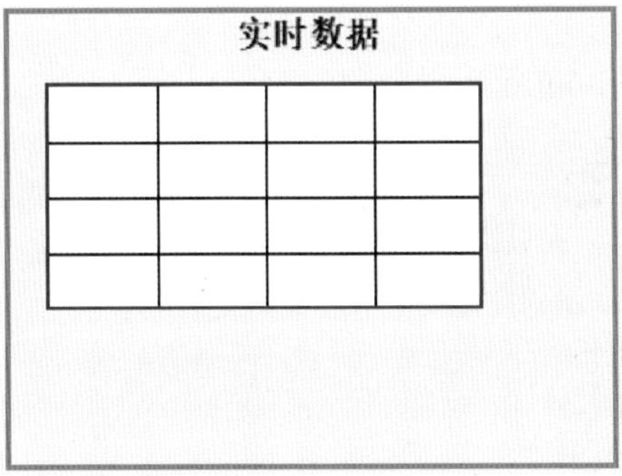

图1-6-2 实时报表构件

图1-6-3 实时报表数据对象输入

实时报表数据显示要与案例工程数据要求一致，需要在B列对液位1，液位2和水平位移的相应表格位置输入2|0，表示输出的数据有2位小数，无空格显示，如图1-6-4所示。

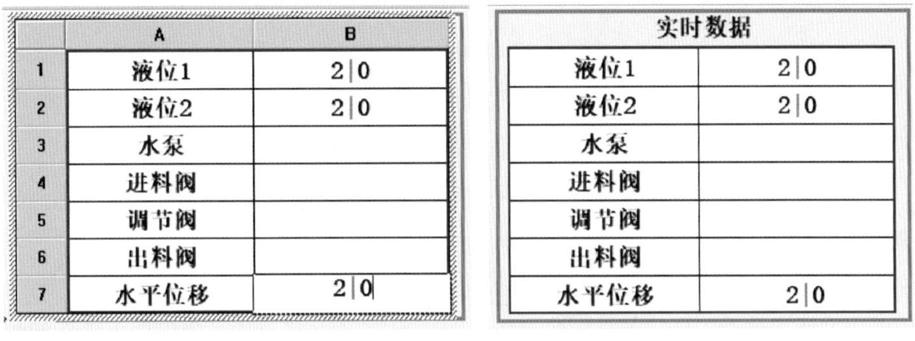

图1-6-4 实时报表数据显示小数编辑

双击该实时报表构件，并单击右键调出编辑菜单，单击"连接"或直接按"F9"，在B*列单击鼠标右键从实时数据库选取与7个数据对象对应的变量双击或直接输入，完成与数据对象的连接，如图1-6-5所示。

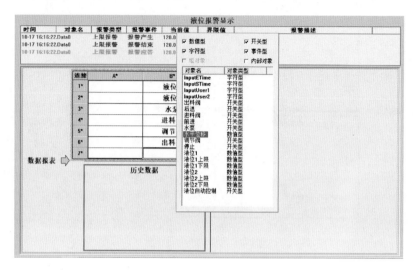

图1-6-5　实时报表动态数据连接

按F5进入运行环境，实时报表显示如图1-6-6所示。

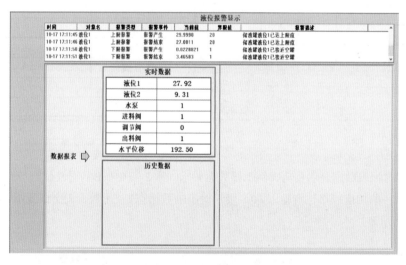

图1-6-6　实时报表动态效果测试

2.历史报表组态

实现历史报表有两种方式：一种利用历史表格构件；另一种用策略中的"存盘数据浏览"构件。

（1）基于历史表格构件的历史报表组态

根据任务分析，历史数据包括了液位1、液位2和水平位移，历史报表构件的数据源常用组对象进行数据连接，因此，在进行报表组态之前，需要完善实时数据库，添加一个历史数据组的"组对象"，其组对象成员为液位1、液位2和水平位移，组态过程如图1-6-7所示。

图1-6-7 历史数据组添加设置

基于MCGS工作平台，打开"用户窗口"，双击"数据显示"进入，在"工具箱"中单击"历史表格"图标，拖放至已编辑好的历史数据位置，双击表格进入。把鼠标移至C_1与C_2之间，当鼠标发生变化时，拖动鼠标改变单元格大小，如图1-6-8所示。

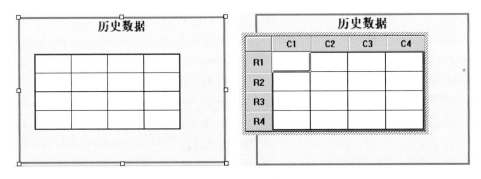

图1-6-8 历史报表编辑

历史报表常用来记录和显示连续量的历史数据。在历史表格构件中，在表格上单击鼠标右键进行编辑。将R_1C_1编辑为采集时间，即C_1列为历史数据的采集时间；R_1C_2、R_1C_3和R_1C_4列分别编辑液位1、液位2和水平位移，即C_2、C_3和C_4分别显示在采集时间时记录的液位1、液位2和水平位移的数据。与实时报表类似，历史报表数据显示要与案例工程数据要求一致，需要在$C_2 \sim C_4$列对相应表格位置输入2|0，表示输出的数据有2位小数，无空格显示。如图1-6-9所示。

	C1	C2	C3	C4
R1	采集时间	液位1	液位2	水平位移
R2				
R3				
R4				
R5				
R6				

历史数据			
采集时间	液位1	液位2	水平位移
	2|0	2|0	2|0
	2|0	2|0	2|0
	2|0	2|0	2|0
	2|0	2|0	2|0
	2|0	2|0	2|0

图1-6-9 历史报表数据对象及显示小数编辑

拖动鼠标从R_2C_1到R_4C_4，表格会反黑，右击调出菜单，单击"连接"，并单击"表格"菜单中"合并表元"选项，表格相关区域会变为反斜杠填充，如图1-6-10所示。

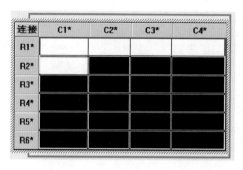

图1-6-10　历史报表连接

双击表格中反斜杠处，弹出"数据库连接设置"窗口，选中"基本属性"页中的"显示多页记录"，并依次设置好如下页面；打开"数据来源"选项卡，数据来源选择"历史数据组"；打开"显示属性"选项卡，单击复位，将最新的数据来源变量自动添加进来；打开"时间条件"选项卡，设置历史报表记录数据为"最近10分"内的所有历史数据组的数据。具体设置如图1-6-11所示，设置完毕后按"确认"退出。

笔记

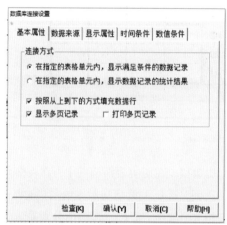

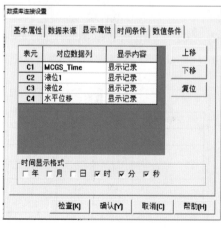

图1-6-11　历史报表数据库连接设置

按F5进入运行环境，查看历史报表仿真调试。如图1-6-12所示。

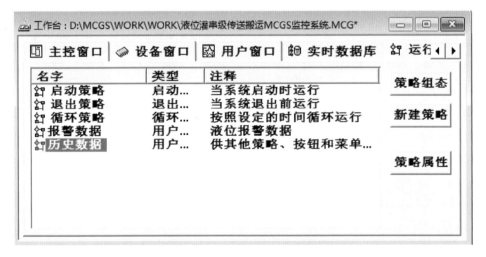

图1-6-12　实时报表和历史报表动态效果测试

（2）基于策略"存盘数据浏览"构件的历史报表组态

在"运行策略"中单击"新建策略"按钮，弹出"选择策略的类型"，选中"用户策略"，按"确认"。单击"策略属性"，弹出"策略属性设置"，把"策略名称"改为：历史数据，"策略内容注释"为：历史数据，如图1-6-13所示。

图1-6-13　新建历史数据用户策略

双击"历史数据"进入策略组态环境，从工具条中单击"新增策略行"图标，再从"策略工具箱"中单击"存盘数据浏览"，拖放在右侧的构件框上，则显示如图1-6-14所示。

双击"存盘数据浏览"构件图标，弹出"存盘数据浏览构件属性设置"窗口，按图1-6-15所示选择数据来源为"历史数据组"，并按照类似于"基于历史报表构件"的连接数据库方法进行相关组态，如图1-6-16所示。

图1-6-14 存盘数据浏览策略行组态

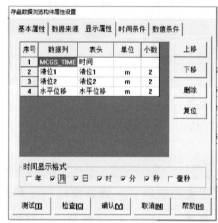

图1-6-15 存盘数据浏览构件数据来源

图1-6-16 存盘数据浏览构件属性设置

注意

① 在设置构件属性设置时，当单击"显示属性'属性页的'复位"按钮，"时间条件"的属性"排序列名"设置会清空，需要重新设置。否则，运行环境下无法正常显示。

② 同上，当液位组的组对象发生变化时，必须重新选择"数据来源"属性页的"MCGS组对象对应的存盘数据表"，即重新选择历史数据组。然后再点击"显示属性"的复位按钮。修改过的数据成员才能正常显示。

单击"测试"按钮，进入"数据存盘浏览"，如图1-6-17所示。

在"存盘数据浏览"测试窗口，可以任意改变各个数据列的列宽，单击"退出"按钮，再单击"确认"按钮，退出运行策略时，保存所做修改。进入运行环境，就可以显示调整后的结果了。但在运行环境下，系统不允许修改存盘浏览页的列宽。

如果想在运行环境中看到历史数据，需要将"主控窗口"中的主菜单"历史数据"与该策略进行关联，如图1-6-18所示。

存盘数据浏览

序号	时间	液位1 m	液位2 m	水平位移 m
1	10-18	0.88	0.29	0.00
2	10-18	0.10	0.03	217.50
3	10-18	1.26	0.42	217.50
4	10-18	0.00	0.00	0.00
5	10-18	0.52	0.17	0.00
6	10-18	0.05	0.02	0.00
7	10-18	0.35	0.12	0.00
8	10-18	1.88	0.63	0.00
9	10-18	0.21	0.07	0.00
10	10-18	1.54	0.51	0.00
11	10-18	0.10	0.03	0.00
12	10-18	7.10	2.37	0.00

图1-6-17　数据存盘浏览测试界面

图1-6-18　历史数据菜单执行运行策略块属性设置

按F5进入运行环境，点击"历史数据"菜单，可以查看历史报表详细数据了。如图1-6-19所示。

存盘数据浏览

序号	时间	液位1 m	液位2 m	水平位移 m
1	10-18 10:05:45	0.88	0.29	0.00
2	10-18 10:55:46	0.10	0.03	217.50
3	10-18 10:56:16	1.26	0.42	217.50
4	10-18 10:57:17	0.00	0.00	0.00
5	10-18 10:57:47	0.52	0.17	0.00
6	10-18 10:58:17	0.05	0.02	0.00
7	10-18 10:58:47	0.35	0.12	0.00
8	10-18 10:59:17	1.88	0.63	0.00
9	10-18 10:59:47	0.21	0.07	0.00
10	10-18 11:00:17	1.54	0.51	0.00
11	10-18 11:00:47	0.10	0.03	0.00
12	10-18 11:04:57	7.10	2.37	0.00
13	10-18 11:11:07	1.01	0.34	0.00
14	10-18 11:11:37	0.00	0.00	0.00
15	10-18 11:12:07	0.73	0.24	310.00
16	10-18 11:13:05	0.05	0.02	0.00
17	10-18 11:13:35	1.11	0.37	0.00
18	10-18 11:14:05	0.01	0.00	0.00
19	10-18 11:14:35	0.69	0.23	0.00
20	10-18 11:33:36	5.60	1.87	255.00
21	10-18 11:34:06	2.21	0.74	255.00
22	10-18 11:34:36	4.98	1.66	255.00
23	10-18 11:35:06	1.91	0.64	266.00
24	10-18 11:35:36	4.55	1.52	357.50
25	10-18 11:36:06	1.57	0.52	320.00
26	10-18 11:36:36	4.03	1.34	320.00
27	10-18 11:37:06	7.54	2.51	320.00

数据记录个数　27

设置[I]　打印[P]　退出[E]

图1-6-19　历史数据动态效果测试

二、数据曲线显示组态

1.实时曲线组态

在"数据显示"用户窗口中,编辑如图1-6-20所示的数据曲线组态区域。

资源1.27
录屏 - 数据曲线
组态操作

图1-6-20　数据曲线组态区编辑

单击"用户窗口"标签,在"用户窗口"中双击"数据显示"进入,在"工具箱"中单击"实时曲线"图标,拖放到适当位置调整大小,如图1-6-21所示。

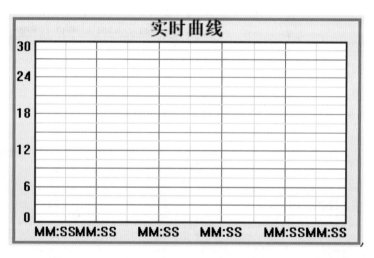

图1-6-21　实时曲线构件

双击曲线,弹出"实时曲线构件属性设置"窗口,设置基本属性中,X主划线数目为5,Y主划线数目为6;标注属性的时间格式为MM:SS,时间单位为秒钟;画笔属性曲线1和2分别连接实时数据库的液位1和液位2,并选择合适的曲线颜色,如图1-6-22所示设置。

在运行环境中单击"数据显示"菜单,就可看到实时曲线。双击曲线可以放大曲线。如图1-6-23所示。

图1-6-22 实时曲线属性设置

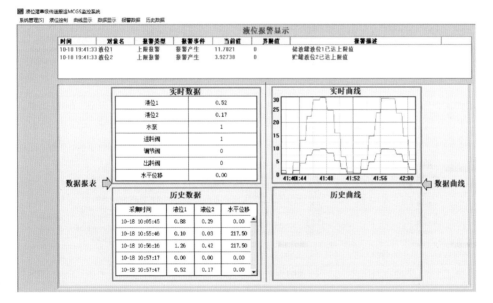

图1-6-23 实时曲线动态效果测试

2.历史曲线组态

在"用户窗口"中双击"数据显示"进入，在"工具箱"中单击"历史曲线"图标，拖放到适当位置调整大小，如图1-6-24所示。

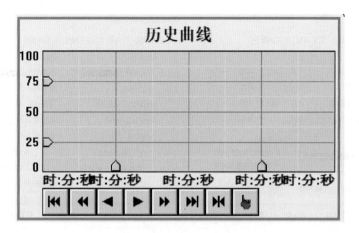

图1-6-24 历史曲线构建

双击曲线，弹出"历史曲线构件属性设置"窗口，基本属性与实时曲线相同，存盘数据选择液位组（即液位1和液位2），标注设置中时间单位和时间单位可配置为分和分：秒。在该属性设置中，曲线标识是重要的，"液位1"曲线颜色为"绿色"；"液位2"曲线颜色为"红色"，并注意实时刷新的数据对象对应选择液位1和液位2，如图1-6-25所示。

图1-6-25 历史曲线构件属性设置

注意

在设置曲线标识的时候，在曲线标识窗口勾选曲线条数，并在曲线内容下拉框中选择与曲线对应的数据对象。否则，工程进入运行环境，无法正常显示曲线。

在运行环境中，单击"数据显示"菜单，打开"数据显示窗口"，就可以看到实时数据、历史报表、实时曲线、历史曲线，如图1-6-26所示。

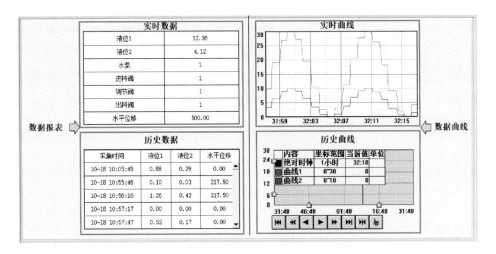

图1-6-26　数据曲线动态效果测试

任务7

系统安全机制组态

【学习目标】

知识点 ▶▶

知识点1：应知用户组与用户的区别与联系

知识点2：应知权限的设置方法

知识点3：应知工程密码的设置方法

技能点 ▶▶

技能点1：应会新建用户组和添加用户

技能点2：应会连接用户和用户组的关系

技能点3：应会为用户组进行权限分配

技能点4：应会为工程加密

【任务导入】

工业过程控制中，应该尽量避免由于现场人为的误操作所引发的故障或事故，而某些误操作所带来的后果有可能是致命性的。为了防止这类事故的发生，MCGS组态软件提供了一套完善的安全机制，严格限制各类操作的权限，使不具备操作资格的人员无法进行操作，从而避免了现场操作的任意性和无序状态，防止因误操作干扰系统的正常运行，甚至导致系统瘫痪，造成不必要的损失。为了整个系统能安全地运行，需要对系统权限进行管理。

【任务分析】

MCGS系统的操作权限的分配是以用户组为单位进行的，即某种功能的操作哪些用户组有权限，实际应用中的安全机制一般要划分为操作员组、技术员组、管理员组。操作员组的成员一般只能进行简单的日常操作；技术员组负责工艺参数等功能的设置；管理员组能对重要的数据进行统计分析。本案例工程不涉及工艺参数等设置问题，因此，可组建"操作员组"和"管理员组"。

① 用户组：管理员组、操作员组。

② 用户：负责人（默认）和唐主任；操作员王工。

唐主任：用户名称"唐主任"，用户描述"管理员组，可以管理权限分配"，用户密码"111"，隶属用户组"管理员组"。

王工：用户名称"王工"，用户描述"操作员组，基本菜单和按钮的操作"，用户密码"222"，隶属用户组"操作员组"。

③ 权限：管理员组的成员可以进行所有的操作，包括进行用户和用户组管理，进行"打开工程"、"退出系统"的操作，进行液位和水平位移控制等；操作员组的成员权限只能进行基本菜单和按钮的操作。

④ 其他安全组态：工程密码和工程运行期限，保护用MCGS组态软件进行开发所得的成果。

【任务实施】

操作权限组态

1. 用户组和用户定义

在菜单"工具"中单击"用户权限管理"，弹出"用户管理器"，缺省定义的用户、用户组为：负责人、管理员组。单击"管理员组"，再单击"用户组"管理器右下方"新增用户组"标签，如图1-7-1所示，打开"用户组属性设置"。新增用户组"操作员组"，用户组描述"只能进行菜单，按钮等基本操作"，如图1-7-1所示。确认后可以看到，用户管理器窗口的用户组增加了一个"操作员"用户组。

资源1.28
录屏-操作权限
组态

图1-7-1　新建用户组

下面，为用户组增加各自的授权管理用户。在用户名区域单击空白处，"用户管理器"左下方的标签切换为"新增用户"，单击进入"用户属性设置"对话框，增加用户"唐主任"和"王工"，如图1-7-2所示。

图1-7-2　添加用户设置

2.系统运行权限管理

对系统运行权限进行设定，并配置系统登录与退出的方式。

打开"主控窗口"，单击"系统属性"，弹出"主控窗口属性设置"窗口。在"基本属性"中单击"权限设置"按钮，弹出"用户权限设置"窗口。在"权限设置"按钮下面选择"进入登录，退出登录"，如图1-7-3所示。

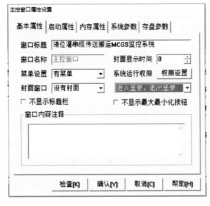

图1-7-3　系统运行权限设置

资源1.29
微课 - 系统运行
权限

运行时进行权限管理是通过编写脚本程序实现的。

（1）登录用户

登录用户菜单项是新用户为获得操作权，向系统进行登录用的。进入主控窗口-菜单组态窗口，打开"脚本程序"选项卡，在程序框内输入代码 !LogOn()。这里利用的是 MCGS 提供的内部函数或在"脚本程序"中单击"打开脚本程序编辑器"，进入脚本程序编辑环境，从右侧单击"系统函数"，再单击"用户登录操作"，双击"!LogOn()"也可以完成。如图1-7-4所示，这样在运行中执行此项菜单命令时，调用该函数，便会弹出 MCGS 登录窗口。

 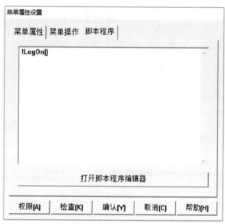

图1-7-4　登录用户设置

（2）退出登录

用户完成操作后，如想交出操作权，可执行此项菜单命令。双击"操作1"菜单，弹出"菜单属性设置"窗口。进入属性设置窗口的"脚本程序"页，输入代码 !LogOff()（MCGS 系统函数），如图1-7-5所示，在运行环境中执行该函数，便会弹出提示框，确定是否退出登录。

笔记

图1-7-5　退出登录设置

（3）用户管理

双击"操作2"菜单，弹出"菜单属性设置"窗口，如图1-7-6所示。在属性设置窗口的"脚本程序"页中，输入代码 !Editusers()（MCGS系统函数）。该函数的功能是允许用户在运行时增加、删除用户、修改密码。

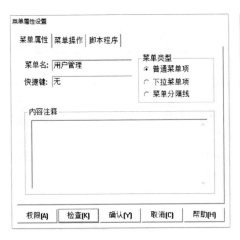 

图1-7-6　用户管理设置

（4）修改密码

双击"操作3"菜单，弹出"菜单属性设置"窗口。在属性设置窗口的"脚本程序"页中输入代码 !ChangePassWord()（MCGS系统函数），如图1-7-7所示。该函数的功能是修改用户原来设定的操作密码。

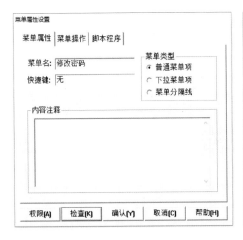 

图1-7-7　修改密码设置

按以上进行设置后按"F5"进入运行环境。单击"系统管理"下拉菜单中的"登录用户"、"退出登录"、"用户管理"、"修改密码"，分别弹出如图1-7-8所示的窗口。如果不是用有管理员身份登录的用户，单击"用户管理"，会弹出"权限不足，不能修改用户权限设置"窗口。

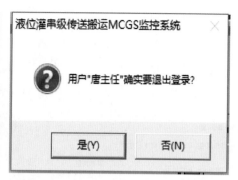
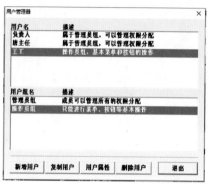

图1-7-8　系统管理

3.操作权限分配

管理组用户具有控制液位和水平位移的权限，操作组用户只具备运行环境中按钮和菜单的操作。在这里，以液位1滑动输入器的控制权限分配为例。双击"液位控制"用户窗口液位1输入的滑动输入器，打开"基本属性"选项卡，在左下方"权限"处单击，可调出用户权限设置对话框，设置该构件的操作权限为管理员用户组，如图1-7-9所示。

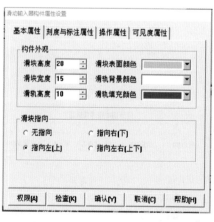
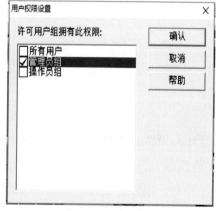

图1-7-9　滑动输入器权限分配

即在运行时，只有管理员用户组成员可以操作该滑块为液位1手动输入液位信号源。

4.保护工程文件

为了保护工程开发人员的劳动成果和利益，MCGS组态软件提供了工程运行"安全性"保护措施。包括：工程密码设置、锁定软件狗和工程运行期限设置。

（1）工程加密

在"工具"下拉菜单中单击"工程安全管理"，再单击"工程密码设置"，弹出"修改工程密码"窗口，如图1-7-10所示。修改密码完成后按"确认"工程加密即可生效，下次打开需要设密码。

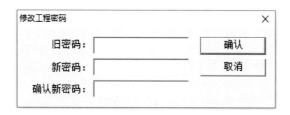

图1-7-10　修改工程密码窗口

（2）工程运行期限设置

选择"工具"下拉菜单的"工程安全管理"项，单击"工程运行期限设置"菜单项，弹出"修改工程运行期限"窗口。工程人员可以设置密码来设置工程试用期限，如图1-7-11一般可分为四个阶段来完成，每个阶段分别使用不同日期、使用不同的密码来保证工程的安全性。

图1-7-11　工程试用期限设置

用户随时需要修改这四次试用期限密码时，可以通过点击设置工程试用期限窗口的"设置密码"按钮来修改，如图1-7-11所示。设置完成后，用户下次登录该窗口，系统会提示输入密码。

（3）锁定软件狗

软件狗属于硬加密技术，它具有加密强度大、可靠性高等特点。近年来，在保护软件开发者利益、防止软件盗版方面起了很大作用，已广泛应用于计算机软件保护。

锁定软件狗可以把组态好的工程和软件狗锁定在一起，运行时，离开所锁定的软件狗，该工程运行三十分钟后会自动退出系统。随MCGS一起提供的软件狗都有一个唯一的序列号，锁定后的工程在其他任何MCGS系统中都无法正常运行，充分保护开发者的权利。

选择"工具"下拉菜单的"工程安全管理"菜单项，显示出锁定软件狗子菜单项。当前计算机没有插上软件狗时，"锁定软件狗"菜单项灰显，即此功能无效；相反，当计算机插上软件狗时，"锁定软件狗"菜单项正常显示，即此功能生效。

单击"锁定软件狗"菜单项，弹出系统确认提示框，如图1-7-12所示。

组态好的工程和软件狗锁定在一起了，当你使用其他软件狗打开此工程时，工程运行30分钟后自动退出。要解除"锁定软件狗"，需再单击一下，系统弹出提示框如图1-7-13所示。

图1-7-12　锁定软件狗

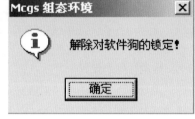

图1-7-13　解除软件狗的锁定

工程加密、设置工程使用期限、锁定软件狗这三者之间是相互作用的，工程加密用来增加工程的密码设置；锁定软件狗在赋予软件使用。

任务8

MCGS 拓展项目

【小试牛刀】

资源1.30
录屏-动画制作

① 工程名：圆周运动动画制作。

② 用户窗口：名称"动画制作"，窗口内容注释："让小球绕圆周运动起来！"

③ 控制要求：在图形界面中，让小球绕着椭圆的圆周线作顺时针运动；图形界面中的文字标题为"动画制作"，文字显示为立体效果，并闪烁。

④ 示例图如图1-8-1所示。

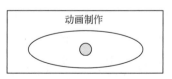

图1-8-1　圆周运动动画制作示例图

【融会贯通】

前述主要基于数值型对象进行控制组态学习，在此，引入"机械手搬运系统"工程案例，拓展学习基于开关量对象的流程控制（顺序控制）的组态实施。

① 工程名：机械手搬运系统。

② 用户窗口：名称"机械手搬运系统"，窗口内容注释："从A到B点的搬运"。

③ 控制要求：按"启动"按钮后，机械手在原点开始下移5s，夹紧2s，上升5s，右移10s，下移5s，放松2s，上移5s，左移10s，回到原点，自动循环。

④ 示例如图1-8-2所示。

资源1.31
录屏-搬运操作

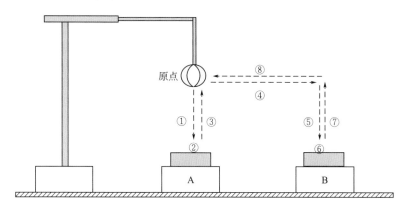

图1-8-2　机械手搬运系统示例图

【照猫画虎】

仿照融会贯通演示案例，拓展练习以下工程。

① 工程名：工件加工系统。

② 用户窗口：名称"工件的自动加工控制与监控"，窗口内容注释无。

③ 控制要求：控制动态效果见资源1.33，示例如图1-8-3所示。

资源1.32
录屏-工件加工
仿真效果演示

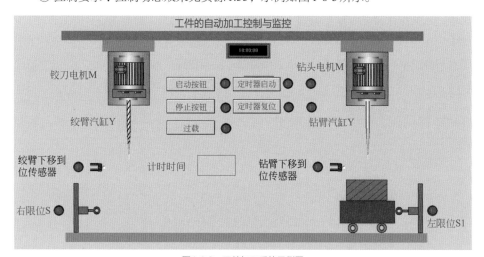

图1-8-3　工件加工系统示例图

✎笔记

教学情境二
WinCC 系统组态技术及应用

笔记

西门子视窗控制中心 SIMATIC WinCC（Windows Control Center，简称 WinCC）是人机界面 HMI（Human Machine Interaction）/数据采集监控系统 SCADA（Supervisory Control and Data Acquisition）中性能、技术和开放性均优异的软件之一。与通常仅提供一种完成特定任务的老一代 HMI 系统方案相比，WinCC 可以为用户提供大量不同的选择方案来完成任务，适合于国内外主要制造商生产的控制系统，如 AB，Modicon，GE 等，并且通讯驱动程序的种类还在不断地增加。通过 OPC（Object Linking and Embedding (OLE) for Process Control）的方式，WinCC 可以与更多的第三方控制器进行通讯。目前较新的版本是 WinCC V7.0，采用标准 Microsoft SQL Server 2005 数据库进行生产数据的归档，同时具有 Web 浏览器功能，可使经理、厂长在办公室内看到生产流程的动态画面，从而更好地调度指挥生产，是工业企业中 MES（Manufacturing Execution System，制造执行系统）和 ERP（Enterprise Resource Planning，企业资源管理）系统首选的生产实时数据平台软件。作为 SIMATIC 全集成自动化系统的重要组成部分，WinCC 确保与 SIMATIC S5，S7 和 505 系列的 PLC 连接的方便和通讯的高效；WinCC 与 STEP 7 编程软件的紧密结合缩短了项目开发的周期。此外，WinCC 还有对 SIMATIC PLC 进行系统诊断的选项，给硬件维护提供了方便。

【情境介绍】

近几年来，对监视和控制生产过程以及对生产数据进行归档和进一步处理的系统要求已在急剧增加。为了满足这些新的要求，新的 HMI 系统在过去几年的基础上已有所提高。本教学情境基于 WinCC V7.0 组态软件，引入"产品信息管理系统"案例工程，从数据采集、存储与管理入手，详细介绍项目组态、画面组态、变量管理、C 脚本程序设计、ActiveX 控件组态以及安全机制组态等内容，形成了一个完整的工程组态与测试学习过程，并通过"小试牛刀"、"融会贯通"和"照猫画虎"等进行拓展学习。

【学习目标】

素质点 ▶▶

素质点 1：程序代码编写时要"偏毫厘不敢安"一丝不苟、"千万锤成一器"追求卓越。只有踔厉奋发、勇毅前行，才能实现中华民族伟大复兴。

知识点 ▶▶

知识点1：应知 WinCC 基本结构　　　知识点2：应知 WinCC 组态流程

技能点 ▶▶

技能点1：应会 WinCC 工程项目分析　　技能点2：应会 WinCC 静态画面组态
技能点3：应会 WinCC 动态过程组态　　技能点4：应会 WinCC 常用构建使用
技能点5：应会 WinCC 基本窗口设置　　技能点6：应会 WinCC 脚本语言开发
技能点7：应会 WinCC 安全机制组态　　技能点8：应会 WinCC 系统运行测试

【思维导图】

如图2-0-1所示，引入目前已经在某集团公司投运的"产品信息管理系统"的实际案例工程，基于 WinCC 软件平台，通过组态方法和组态技巧的学习，完成系统组态设计并进行应用调试。

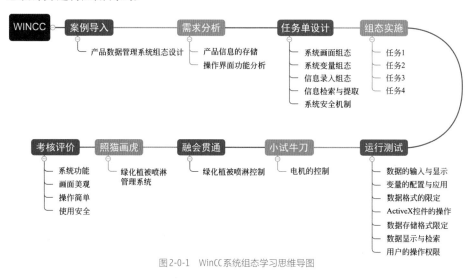

图 2-0-1　WinCC 系统组态学习思维导图

【案例描述】

某工业集团公司电镀车间从事大型工件的内外表面电镀生产加工，以其中的深孔产品为例，其长度一般10米，重量约2吨，电镀一次需要8小时左右，由于种种原因产品在出厂使用过程中或多或少的出现质量问题，为了方便查找相关数据，该集团利用现场监控组态软件扩展了数据管理功能，能自动记录产品的相关信息，方便后续检索查询。

案例工程　**深孔电镀产品信息管理系统**

基于 WinCC 工控平台，完成产品信息管理系统的组态设计及应用，系统实现的功能及要求如下。

① 设计简洁友好的人机交互界面，操作简单、方便。

② 能够自动或手动记录生产线所加工产品的信息，如产品名称或编号、生产时间等，方便查询不合格产品的工作数据。

③ 能够在界面中显示存储产品的信息，显示的数据要求格式统一，显示数据时能自动处理异常字符，确保显示的数据与产品一一对应。

④ 当数据量较大时，可以按照一定的规则检索数据，要求能通过关键字符迅速且全面的显示所有相关数据。

⑤ 可对显示的数据进行删除操作。

⑥ 能够通过鼠标单击或双击等操作轻松提取任何显示的数据。

⑦ 具有登录用户、退出登录、用户管理、修改密码等用户管理功能，不同的用户等级有不同的操作权限。

【知识点拨】

1.了解西门子组态软件WINCC的系统构成

WinCC是一个模块化系统，其基本组件是组态软件（CS）和运行系统软件（RT）组态软件。WinCC Explorer类似于Windows中的资源管理器，它组合了控制系统所有必要的数据，以属性目录的形式分层排列存储。WinCC分为基本系统、WinCC选件和WinCC附件。

WinCC基本系统包括以下组成，其体系结构如图2-0-2所示。

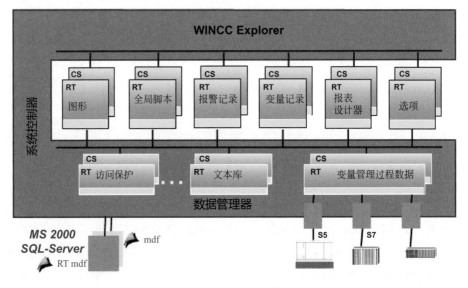

图2-0-2　WinCC体系结构

（1）变量管理器

变量管理器（Tag Management）管理着WinCC中所有使用的外部变量、内部变量和通信驱动程序等。WinCC中有与外部控制器没有过程连接的变量叫做内部变量，内部变量可以无限制使用。与外部控制器有过程连接的变量叫做过程变量，也称为外部变量。

（2）图形编辑器

图形编辑器（Graphics Designer）是一种用于创建过程画面的面向矢量的作图程序。也可以用包含在对象和样式选项板中的众多的图形对象来创建复杂的过程画面。可以通过动作编程将动态添加到单个图形对象上。向导提供了自动生成的动态支持并将它们链接到对象，也可以在库中存储自己的图形对象。

（3）报警记录

报警记录（Alarming Logging）提供了显示和操作选项来获取和归档结果。可以任意地选择消息块、消息级别、消息类型、消息显示以及报表。系统向导和组态对话框在组态期间提供相应的支持。为了在运行中显示消息，可以使用包含在图形编辑器的对象，选项板中的报警控件。

（4）变量记录

变量记录（Tag Logging）用于处理测量值的采集和归档。

（5）报表编辑器

报表编辑器（Report Designer）提供许多标准的报表，也可自行设计各种格式的报表，可以按照设定的时间进行打印工作。

（6）全局脚本

全局脚本（Global Script）是根据项目需要编写的ANSI-C或VBS脚本代码。

（7）文本库

文本库（Text Library）编辑不同语言版本下的文本消息。

（8）用户管理器

用户管理器（User Administrator）用来分配、管理和监控用户对组态和运行系统的访问权限。

（9）交叉引用

交叉引用（Cross-reference）用于检索画面、函数、归档和消息中所使用的变量、函数、OLE对象和ActiveX控件等。

WinCC以开放式的组态接口为基础，开发了大量的WinCC选件（Options，也称选项，来自于西门子自动化与驱动集团）和WinCC附件（Add-ons，来自于西门子内部和外部合作伙伴），主要包括了服务器系统、冗余系统、Web浏览器、用户归档、开放式工具包、WinCC/Dat@Monitor、WinCC/ProAgent等部件。

WinCC不是孤立的软件系统，它时刻与自动化系统、自动化网络系统、MES系统集成在一起，与相应的软硬件系统在一起，能实现系统级的诊断功能。

WinCC不仅是可以独立使用的HMS/SCADA系统，而且是西门子公司众多软件系统的重要组件，如WinCC是西门子公司DCS系统PCS7的人机界面核心组件，也是电力系统监控软件PowerCC和能源自动化系统SICAM的重要组成部分。

2.WinCC 的安装

WinCC是运行在IBM-PC兼容计算机上基于Windows操作系统的组态软件，其安装有一定的硬件和软件要求。

（1）硬件要求

为了能可靠和有效地运行WinCC，应满足对硬件的要求，如表2-0-1所示（以WinCC7.0为例）。最小的硬件要求只能保证WinCC运行，而不能保证满足多用户数、大数据量的访问。在实际配置时，应根据特定的应用需求，为WinCC配置适当的硬件。单用户运行应满足最小硬件要求，若要高效运行，应满足推荐配置。

表2-0-1　WinCC 7.0的硬件要求

硬件	最小的硬件要求	推荐配置
CPU	客户机：Intel PentiumIII,600MHz 服务器：Intel PentiumIII,1GHz 中央归档服务器：Intel Pentium4,2GHz	客户机：Intel PentiumIII,1GHz 服务器：Intel Pentium4,2GHz 中央归档服务器：Intel Pentium4,2.5GHz
工作内存	客户机：512MB 单用户系统：512MB/服务器：1GB 中央归档服务器：1GB	客户机：512MB 单用户系统：1GB/服务器：>1GB 中央归档服务器：≥2GB
硬盘上的可用内存	安装：客户机500MB/服务器700MB 使用：客户机1GB/服务器1.5GB/中央归档服务器40GB	安装：客户机700MB/服务器1GB 使用：客户机1.5GB/服务器10GB/中央归档服务器，不同硬盘上有2个各为80GB的可用空间
虚拟内存	1.5倍工作内存	1.5倍工作内存
假脱机程序内存	用于Windows打印机假脱机程序内存100MB	用于Windows打印机假脱机程序内存>100MB
图形卡	16MB	32MB
颜色数量	256	真彩色
分辨率	800*600	1024*768

（2）安装的软件要求

对于安装，必须满足操作系统和软件组态的某些要求。WinCC基本上批准用于在域或工作组中运行，但要遵守域-组策略和可能会妨碍安装的域限制。在这种情况中，在安装Microsoft Message Queuing、Microsoft SQL Server 2005和WinCC之前将计算机从域中删除。使用管理员权限从本地登录到有关的计算机，执行安装。成功安装之后，WinCC计算机可以再次重新注册到域中。如果域-组策略和域限制不影响安装，安装期间无须将计算机从域中删除。然而，域-组策略和域限制会影响操作。

① 操作系统　发布的WinCC只用于几种语言的操作系统：德语、英语、法语、意大利语和西班牙语，或多语言操作系统。WinCC的亚洲版本已经发布，可用于多语言操作系统及英语、简体中文（中国）、繁体中文（中国台湾地区）、日语和朝鲜语操作系统。所有服务器均应使用Windows Server2003标准版和企业版运行。项目中的所有客户机都必须在Windows XP Professional或Windows2000 Professional上运行。无论是使用Windows Server 2003还是使用Windows XP Professional，都将导致在选择操作系统时应该考虑相应限制：SIMATIC Ethernet TF 驱动程序只能用于Windows 2000。

笔记

单用户系统和客户机WinCC 在 Windows XP Professional和Windows 2000下运行。具体要求如表2-0-2所示。

表2-0-2 操作系统要求

操作系统	组态	注释
Windows XP	Windows XP Professional Service Pack 2	注意所提供SIMATIC NET版本的软件先决条件，安装Windows XP期间，Internet Explorer V6.0 Service Pack 1将自动安装
Windows 2000	Windows 2000 Professional Service Pack 4	—

单用户系统和WinCC多用户系统中的客户机也可运行于Windows 2003服务器。安装WinCC时将在确认后安装下列组件：

Microsoft安全补丁MS04-12（对于Windows 2000 Professional SP4，对应的是Microsoft安全补丁KB828741）；

Microsoft安全补丁KB319740（对于Windows XP SP2）；

Microsoft安全补丁KB929046（适用于Windows Server 2003 SP2和Windows Server 2003 R2）。

② WinCC服务器　WinCC服务器只能在Windows Server 2003标准版和企业版或Windows Server 2003 R2上运行。按照要求如表2-0-3所示。

表2-0-3 WinCC服务器要求

操作系统	配置	注释
Windows Server 2003	Server 2003 Service Pack 2	MUI版本的Windows Server 2003 SP2和Windows Server 2003 R2 SP2额外要求安装Microsoft MUI补丁KB925148。"MS Servi2ce Packs & Tools" DVD中提供了该补丁
Windows Server 2003 R2	Server 2003 Service Pack2	

WinCC不适合在Microsoft终端服务器中使用。只有在与WinCC Web客户机相连接时才可使用Microsoft终端服务器。在安装时要遵守WinCC Web Navigator安装指示中的信息，Windows Server 2003的设置。

当对系统进行组态时，控制面板上必须采用下列设置。

● Windows Server 2003

激活"网络和 DFU连接">"内部"连接或LAN连接>"状态">"属性">"激活Microsoft网络的文件和打印机发放">"属性">"网络应用程序的最大数据吞吐量"

激活"系统属性">"扩展">"系统性能">"设置">"扩充">"处理器时间表">"背景服务"

如果客户机和服务器之间的连接出现问题，检查服务器上客户机许可模式的设置。如果网络只有一个服务器，则必须选择设置"按服务器"。"并行连接的数量"必须与客户机的数量相同。如果网络具有多个服务器，则必须选择设置"按场所"。关于许可证的更详细信息，参见操作系统文档。

● Microsoft Message Queuing服务

WinCC需要Microsoft Message Queuing服务。

● Microsoft SQL Server 2005

WinCC要求使用Microsoft SQL Server 2005 SP1 Hotfix，必须预先设置访问SQL服务器数据的相应访问权限。

● 使用多个网卡工作

当使用具有多个网卡的服务器时，遵守"使用具有多个网卡的服务器进行通讯时的特性"中的注意事项。

● 过程通讯驱动程序

使用为SIMATIC NET驱动程序提供的SIMATIC NET光盘。

Internet Explorer先决条件：WinCC要求安装Microsoft Internet Explorer V6.0 SP1或SP2。发布的Microsoft Internet Explorer V7.0也适用于WinCC。但是，WinCC不支持该浏览器的"分页浏览"功能。

可通过所提供的"MS Service Packs & Tools"DVD安装Internet Explorer V6.0 SP1。

从Internet Explorer的下列选项进行选择。

安装选项：标准安装。

更新Windows桌面：否。

活动通道选择：无。

如果希望完整使用WinCC的HTML帮助，则在Internet Explorer中的"Internet选项"下必须允许使用JavaScript。

● 调整安全策略

操作系统必须允许安装未签名的驱动程序和文件。

（3）安装步骤

① 安装补丁程序WindowsXP-KB319740-v5-x86-CHS.exe，文件长度565KB（578,800字节）。

② 安装消息队列。

打开操作系统"开始"菜单并选择"设置">"控制面板">"添加或删除程序"。

单击左边菜单栏中的"添加或删除Windows组件"按钮。"Windows组件向导"打开。选择组件"消息队列""详细资料"按钮激活。

单击"详细资料"按钮，对话框"消息队列"打开，激活"公共"子部件，注意取消激活其他所有的子组件，并"确定"进行确认。

③ 安装Microsoft SQL Server 2000 SP4。

启动"WinCC V7.0的SQL Server 2000 Service Pack 3a"光盘。选择条目"安装SQL Server 2000"。安装目录请选择默认。C:\Program Files\SIEMENS。

④ 安装WinCC。

启动WinCC产品光盘。

选择"安装SIMATIC WinCC"。

安装目录请选择默认。C:\Program Files\SIEMENS。

在安装过程中，需要输入序列号"serial"：在这里必须填入以0开头的10个数字，如0123456789就可以，但必须是0开头，接着往下安装。

选择"自定义安装"（1.2G的），不选"典型安装"（445M），或者其他安装。在要安装授权时，选择"NO"，先不安装授权，才可以往下接着安装。等待安装结束，需要重新启动计算机才能生效。

在安装时，系统可能会要求关闭防火墙。点击"开始""设置""控制面板""Windows防火墙""关闭，不推荐"。

⑤ Windows操作系统不能安装杀毒软件、暴风影音、AutoCAD，否则会影响WinCC的功能。

⑥ WinCC 7.0 SP4可对应的Step 7版本是Step 7 V5.3 SP1，Step 7 V5.3 SP2，Step 7 V5.3 SP3，并且必须先安装Step 7再安装WinCC。

（4）WinCC的授权

使用WinCC需要安装授权，授权类似一个"电子钥匙"，用来保护西门子公司和用户的权益，没有经过授权的软件是无法使用的。如果要在另一台机器中使用授权，授权文件可以再传回到软盘上。

授权分为标准授权和紧急授权两种。标准授权使用时间无限制，可以在硬盘或网络驱动器上安装，不能在USB存储器上安装；紧急授权使用时间限制为14天，从首次启动相应软件开始计时，当标准授权损坏并修复期间，可以使用紧急授权代替。

WinCC基本系统分为完全版和运行版。完全版包括运行和组态版的授权，运行版仅有WinCC运行的授权。运行版可以用于显示过程信息、控制过程、报告报警事件、记录测量值和打印报表等。根据所连接外部过程变量数量的多少，WinCC完全版和运行版都有5种授权规格：128点、256点、1024点、8K点和16K点变量（Power Tags）。Power Tags是指过程连接到控制器的变量，无论何种数据类型，只要给此变量名并连接到外部控制器，都被当作1个变量。相应的授权规格决定所连接的过程变量的最大数目，即如果购买的WinCC具有1024个Power Tags授权，则WinCC项目在运行状态下，最多只能有1024个过程变量。过程变量的数目和授权使用的过程变量数目显示在WinCC管理器的状态栏中。内部变量不受点数限制。

WinCC选件都有相应的授权文件，使用时需要购买并安装在计算机上。

为避免丢失授权许可证密钥，需要注意以下事项。

① 在格式化、压缩或恢复驱动器、安装新的操作系统之前，将硬盘上的授权转移至软盘或其他盘中。

② 当卸载、安装、移动或升级密钥时，应先关闭任务栏可见的所有后台程序，如防病毒程序、磁盘碎片整理程序、磁盘检查程序、硬盘分区以及压缩和恢复等。

③ 使用优化软件优化系统或加载硬盘备份前，保存授权和许可密钥。

④ 授权和许可密钥文件保存在隐藏目录"AX NF ZZ"中。

笔记

任务1

工程项目分析

【学习目标】

知识点 ▶▶

知识点1：应知工程工艺要求

知识点2：应知工程控制要求

知识点3：应知工程操作要求

知识点4：应知工程安全要求

知识点5：应知工程存储要求

技能点 ▶▶

技能点1：会上位机组态界面分析

技能点2：会上位机控制策略分析

技能点3：会上位机各类构件选用

【任务导入】

工程项目分析是进行系统组态设计、实施和测试等的基础工作，主要根据用户对工程的说明、提出的工艺特点和控制要求等对工程项目进行整体分析，并能使用WinCC提供的各功能模块实现工程项目的需求。

【任务分析】

根据案例说明的工艺特点和控制要求，基于WinCC组态软件设计结构，需要确定系统各常用功能模块的属性及基本操作；确定用户窗口的个数及组态内容；确定设备类型及数量；确定数据对象及相关参数以及策略组态的功能等。

一、基本功能模块的配置和使用

1. 工程创建

打开WinCC界面，新建工程，在弹出的对话框WinCC项目管理器中选择单用户项目，点击确定。如图2-1-1所示。

在弹出的创建新项目对话框中填入项目名称并选择路径。单击"创建"。如图2-1-2所示。

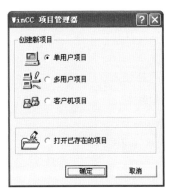

笔记

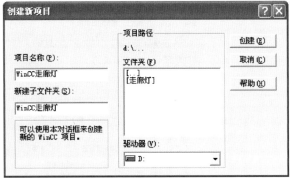

图2-1-1　项目管理器　　　　　　　　　　　　图2-1-2　项目的创建

2.计算机属性配置

项目建立完成后系统自动切换到项目管理器界面，即组态界面，项目管理器打开之后点击"■"按钮将项目停止激活，左键单击项目管理器中的"计算机"字样，在管理器中右边空白处单击右键，在弹出菜单中选择"添加新计算机…"，如图2-1-3所示。

在计算机名称中填入当前使用的计算机名称，该名称可以通过操作系统查到。点击"启动"如图2-1-4所示，将"全局脚本运行系统"及"图形运行系统"勾选上。

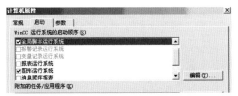

图2-1-3　计算机名设置　　　　　　　　　　　图2-1-4　启动项设置

如果所组态的系统需要运行报警记录、变量记录等功能，需要将图2-1-4中相应的系统勾选上。

以上步骤完成后点击确定，当前计算机名称将出现在机器列表当中，然后右键单击计算机名，点击弹出菜单中的"属性"后点击"图形运行系统"，如图2-1-5所示。

"启始画面"选择，点击"浏览"选择已经组态好的画面，如果没有画面，可以稍后进行该项设置。通常在"窗口属性"中勾选"全屏"及"滚动条"然后确定即可，也可根据实际需要选择其他窗口属性。

图2-1-5　图形运行系统组态

3.变量管理

素质拓展阅读

科技创新是百年
未有之大变局中
的一个关键变量

变量是WinCC与外界设备、操作系统以及软件内部模块数据交换的桥梁，在组态WinCC工程时变量的建立尤其重要。变量管理器将对项目所使用的变量进行管理。变量管理器位于WinCC项目管理器的浏览窗口中。

（1）内部变量

内部变量是WinCC内部使用的变量，变量数据来自WinCC自身。鼠标点击项目管理器中的变量管理前面的加号，在展开的子项中选择"内部变量"，在右侧的空白区域处点击鼠标右键，在弹出的菜单项中选择"新建变量"，操作界面参考图2-1-6。

资源2.1
微课-变量的
组态

笔记

图2-1-6　内部变量的建立

在图2-1-6中点击"新建变量"后系统会自动弹出变量设置界面，如图2-1-7所示。

在图2-1-7中可以修改变量名称，选择数据类型。如果建立的是数值型变量，需要注意选择合适的数据长度，否则在变量运行的过程中其值可能溢出；数值型变量在使用时如果需要设定初值，可以点击"限制/报告"按钮，设定变量的初始值或限制值。如图2-1-8所示。

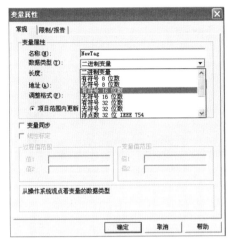

图2-1-7　变量属性组态

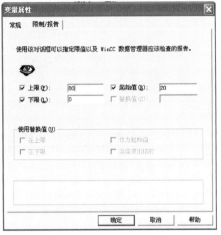

图2-1-8　变量初值设置

（2）外部变量

鼠标右击项目管理器中的变量管理，选择添加新的驱动程序，在弹出的对话框选择SIMATIC S7 Protocol Suite.chn，单击打开，如图2-1-9所示。

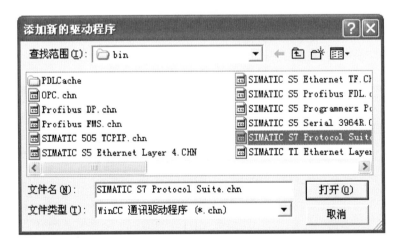

图2-1-9　添加新的驱动程序

在SIMATIC S7 Protocol Suite的下拉选项中找到PROFIBUS，选择PROFIBUS-DP连接方式，也可根据实际情况选择TCP/IP以太网连接方式或MPI连接。右击PROFIBUS选择新驱动程序的连接，在弹出的连接属性对话框中可自拟名称，如图

2-1-10所示。单击右侧属性。

在弹出的连接参数——PROFIBUS对话框中插槽号填2，单击"确定"，如图2-1-11所示。

图2-1-10 连接属性

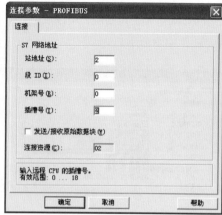

图2-1-11 参数配置

此时就可以在新配置好的通道下建立外部变量了，点击PROFIBUS通道下的NewConnection连接，在屏幕右侧区域中点击鼠标右键选择新建变量，此时新建变量的过程和内部变量建立的过程完全一样，不同之处在于变量建立完成后需要配置变量的地址，该地址与PROFIBUS通道连接的PLC的I/O端口地址对应，如图2-1-12所示。

（3）系统变量

系统变量的建立过程和外部变量相似，添加新的驱动程序界面中选择System Info. chn，然后在该通道下建立新的通道连接，最后在新的通道连接下建立变量，这里与外部变量不同的是地址属性的设置，在建立变量的过程中点击"地址"按钮时弹出如图2-1-13所示的系统信息界面。以建立"日期"变量为例，此时需要选择日期变量的格式，变量运行后将自动装载操作系统中的日期。

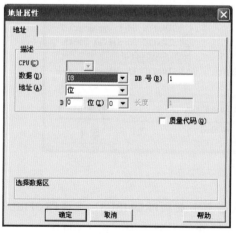

图2-1-12 地址属性设置

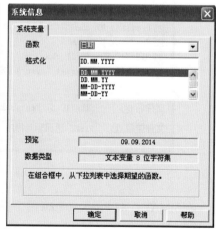

图2-1-13 系统变量组态

4.画面组态

鼠标单击项目管理器中的图形编辑器，在屏幕右侧区域中点击鼠标右键选择新建画面，画面建立后鼠标右击新建的画面，选择重命名。图2-1-14所示，可以设置画面的大小颜色等属性。

笔 记

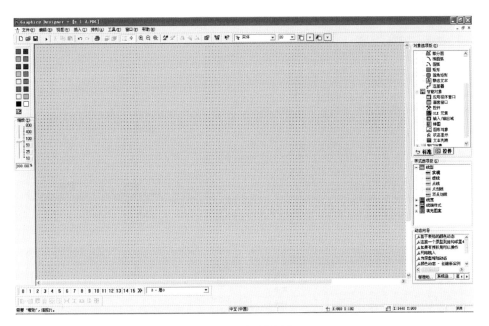

图2-1-14　新建的画面

（1）组态按钮

在本节的学习中通过一个灯的开关控制介绍画面的组态过程。在图2-1-14右侧选择窗口对象中的圆形按钮，如图2-1-15所示，并拖放至图中合适位置。

双击或右键选择属性，在弹出的对象属性对话框中，单击事件在左侧选择鼠标，右侧选择按左键，右键点击动作下方的箭头，选择直接连接，弹出直接连接对话框，在左侧来源下选常数，填1（说明当鼠标左键动作时变量置1），右侧目标下选择变量，点击黄色方框选择变量开关1。配置完成如图2-1-16所示。点击确定，可看到动作下箭头变蓝。

双击按钮1，在属性对话框点击属性，选择其他，选择右侧显示，鼠标右击灯泡图标，选择动态对话框。在弹出的动态值范围对话框，在表达式/公式下点击"选择"，选择变量，选择开关1，数据类型选择布尔型，在表达式/公式的结果下的显示，编辑否/假为否。单击应用。此时箭头编程红色。如图2-1-17所示。

图2-1-15　对象对话框

资源2.2
微课-按钮修改
变量值

资源2.3
微课-单选框
组态

资源2.4
微课-滚动条的
使用

图2-1-16　直接连接按钮

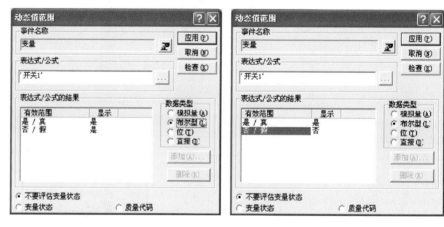

图2-1-17　按钮1和按钮2动态对话框组态

把按钮1、2重合到一起。完成楼上按钮的组态。同理组态楼下按钮。

（2）组态灯

组态一个灯，在对象下的标准对象中选择圆，拖放选择合适位置和大小。双击弹出对象属性，在属性下选择颜色，背景颜色，右击动作下的箭头选择动态对话框，在动态值范围对话框填写如下属性，单击应用。如图2-1-18所示。

（3）退出按钮组态

添加退出WinCC运行按钮。在对象下的窗口对象中选择按钮，并拖放到画面中，在弹出的按钮组态对话框文本填写名称为退出，选择字体颜色为宋体红色。双击"动态向导"下的"退出WinCC运行系统"，如图2-1-19所示。在弹出的对话框中全部点击"下一步"直至完成即可，在触发器选择界面中选择"鼠标左键"。动态向导的组态会自己创建动作代码，不需要用户编写程序，使用起来非常方便。

资源2.5
微课 - 闪烁动画

图2-1-18 动态值范围组态

图2-1-19 动态向导组态

（4）运行状态

点击工具栏中的激活按钮，运行画面如图2-1-20所示。

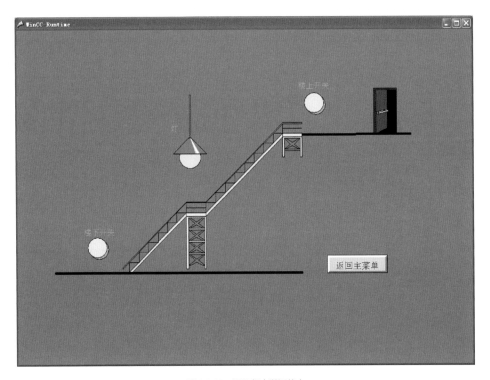

图2-1-20 画面组态激活状态

笔记

二、案例工程组态任务单

根据第一部分介绍的WinCC基本功能模块的配置和使用，根据"产品信息管理系统"实际案例的要求，设计如表2-1-1所示组态任务单。

表 2-1-1 组态任务单

序号	任务	内容
1	建立新工程	① 文件名：产品信息管理系统（可自定义） ② 路径：D:\（可自定义）
2	画面组态	① 按钮：用于执行存储或显示数据的动作 ② I/O 域：系统输入数据的接口 ③ 标题：直观显示画面的功能 ④ 数据显示控件：加载并显示数据
3	变量组态	① 内部变量：用于保存产品信息 ② 系统变量：用于保存产品加工时间
4	脚本组态	① 信息记录：自定义动作实现产品信息存储 ② 信息显示：自定义动作实现产品信息显示 ③ 信息检索：自定义动作实现搜索功能 ④ 信息提取：自定义动作实现有用信息的提取 ⑤ 信息删除：自定义动作删除无用信息
5	安全机制设置	① 新增用户组：操作员组或工程师组 ② 新增用户：在用户组下建立具体用户 ③ 赋予权限：为用户分配相应权限 ④ 设置权限：对目标按钮设置相应的权限 ⑤ 用户登录：设置用户登录界面 ⑥ 用户注销：设置用户注销功能

任务2

系统架构设计

【学习目标】

笔记

知识点 ▶▶

知识点1：应知产品特点

知识点2：应知市场应用

知识点3：应知画面编辑器各插件功能（重点）

技能点 ▶▶

技能点1：能识别画面组态插件

技能点2：会体系架构搭建（难点）

技能点3：会软件安装与配置

【任务导入】

完成WinCC案例工程分析后，需要按照任务单进行系统框架搭建，即工程框架搭建和菜单框架搭建。在WinCC组态环境中，建立友好的人机交互画面，建立满足任务要求的变量，选择满足任务要求的组态插件或功能模块。

【任务分析】

系统框架搭建，主要包括如下。

① 新建工程，文件名和存储路径。

② 输入画面的建立，建立人机界面，搭建存放各组件的平台。

③ 组态构建的选择，在画面中添加显示信息用的静态文本，添加与输入信息条数相同数量的输入输出域。

④ 组态执行输入动作的按钮。

⑤ 建立存储数据用的变量：内部变量和系统变量。

【任务实施】

一、工程框架搭建

1.新建工程

打开软件，点击"新建"，打开WinCC项目管理器，出现如图2-2-1所示的对话框。

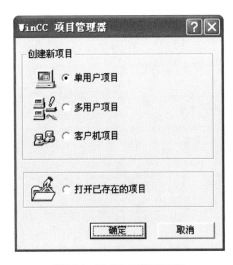

图2-2-1　打开WinCC项目管理器

选择单用户项目，单击"确定"。在弹出的画面中输入工程项目名称以及存储路径。确定后系统自动进入新建的工程。

资源 2.6
微课 - 画面的
切换

2.新建画面

打开工程后选择工程中的"图形编辑器",在右边的空白部分点击鼠标右键,选择"新建画面",如图 2-2-2 所示。

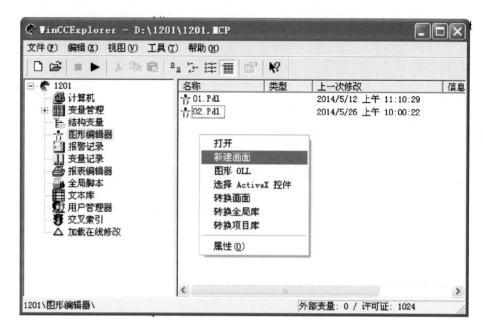

图 2-2-2　新建画面窗口

新建的画面名称默认为"NewPdl0.Pdl",其中 Pdl 是 WINCC 中画面的扩展名,不可修改,可以给画面重命名,如图 2-2-2 所示"01.Pdl""02.Pdl"等,可以建立多幅画面。双击画面,进入画面编辑器,如图 2-2-3 所示。

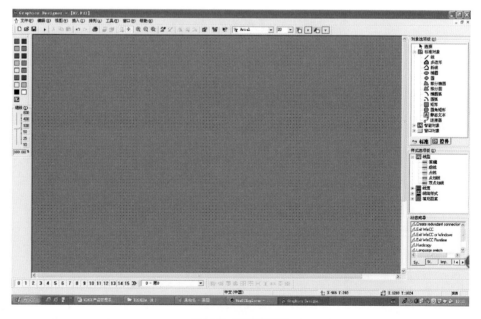

图 2-2-3　画面编辑窗口

WinCC中所有人机交互界面都是在画面编辑器中完成。

二、变量建立

本次任务目的是要完成产品信息的存储，某车间工艺要求存储产品的名称、产品编号以及产品加工时间信息。因此所建立的变量名称及要求如表2-2-1所示。

表2-2-1　变量信息表

变量名称	数据类型	备注
product_name	文本8位字符	获取产品名称
product_number	文本8位字符	获取产品编号
time	文本8位字符	系统变量
date	文本8位字符	系统变量
product_shijian	文本8位字符	获取产品生产时间

1.内部变量的建立

表2-2-1中product_name、product_number、product_shijian三个变量为内部变量，建立的方法如下。

鼠标点击工程管理器中的"变量管理"，选择"内部变量"，如图2-2-4所示。

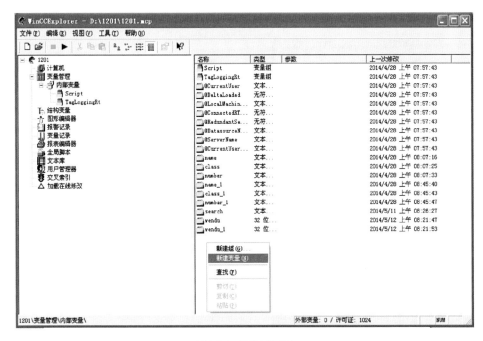

图2-2-4　创建内部变量

在右边空白处单击鼠标右键，选择"新建变量"，弹出变量属性对话框，product_name变量的建立过程如图2-2-5所示。

图 2-2-5　内部变量编辑

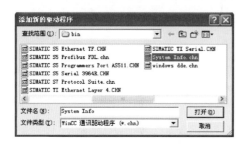

图 2-2-6　添加 System Info 通道

图 2-2-7　时间系统变量的创建

笔记

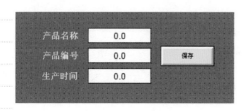

图 2-2-8　产品信息输入的组态界面

输入变量名称，选择数据类型，单击"确定"即可，按照此步骤建立表格中的另外两个内部变量。

2. 系统变量的建立

日期和时间是系统变量，其存储系统的时间，建立过程如下：鼠标右击工程管理器中的"变量管理"，选择"添加新的驱动程序"，在弹出的对话框中选择"System Info.chn"，如图 2-2-6 所示。

此时，在"变量管理"下多了"SYSTEM INFO"通道，进入该通道新建驱动连接，在驱动连接下建立系统变量，系统变量的建立界面和内部变量相同，不同的地方在于系统变量要选择地址，在地址中设置变量的显示格式。如图 2-2-7 所示。

本任务中，系统时间变量"time"的函数选择"时间"，格式选择"HH:MM:SS"，系统变量"date"函数选择"日期"，格式选择"MM-DD-YYYY"。

三、产品信息输入界面组态

产品信息输入界面由静态文本、输入输出域和按钮组成，三种对象都可以在画面中的"对象选项板"中找到，鼠标点击拖动至界面中。其中静态文本用来显示字符，在属性中只要设置字体大小及颜色。产品信息输入界面的效果如图 2-2-8 所示。

1. 静态文本

静态文本用来显示字符，在对象选项板中将静态文本拖入界面中，鼠标右击选择属性，在属性中只要设置字体大小及颜色即可。

2. 输入输出域组态

输入输出域是用来显示或输入变量值的对象，在"对象选项板"中的"智能对象"中将输入输出域拖至界面中，鼠标右击选择属性，在属性中只要设置字体大小及颜色等信息，确定后再鼠标右击选择"组态对话框"，设置如图2-2-9所示。

3.按钮组态

在"对象选项板"中的"窗口对象"中将按钮拖至界面中，鼠标右击选择"组态对话框"，设置按钮上的字符内容，本任务中，按钮字符设置成"保存"；确定后鼠标右击选择属性，在属性中可以设置字符颜色、按钮样式等信息。

4.动作组态

系统时间存储在"time"和"date"中，在保存信息之前，操作员要从三个输入输出域中输入信息，其中产品名称和产品编号手动输入，鼠标点击生产时间字样后自动加载，加载的时间格式为"YYYY-MM-DD HH:MM:SS"。鼠标右击"生产时间"，选择属性，在鼠标事件处编辑一个C动作，如图2-2-10所示。

图2-2-9　I/O域组态

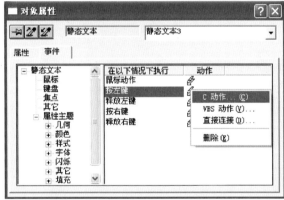

图2-2-10　动作组态界面

该动作读取系统变量"time"和"date"的值，并将"date"格式从"MM-DD-YYYY"修改成"YYYY-MM-DD"，并与"time"拼接成标准格式"YYYY-MM-DD HH:MM:SS"显示在界面中。该动作的执行代码如下。

```
char a[30],b[30];
char aa[20],bb[20];
char *p;
int i;
char temp;
p=GetTagChar("date");
strcpy(a,p);
p=GetTagChar("time");
strcpy(b,p);
for(i=0;i<5;i++)
{
```

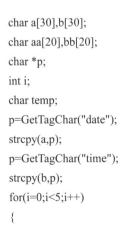

素质拓展阅读

循环语句，水滴石穿的力量

```
        aa[i]=a[i];
        bb[i]=a[i+5];
    }
    for(i=0;i<strlen(bb)-1;i++)
    {
        temp=bb[i];
        bb[i]=bb[i+1];
        bb[i+1]=temp;
    }
    strcat(bb,aa);        //bb标准日期格式
    strcat(bb," ");
    strcat(bb,b);
    SetTagChar("product_shijian ",bb);
```

任务3

系统组态实施

【学习目标】

知识点 ▶▶

知识点1：应知组态流程

知识点2：应会组态构件

知识点3：应会C语言基本编程

技能点 ▶▶

技能点1：会组态项目

技能点2：会组态画面

技能点3：会组态输入界面

技能点4：会编写C语言数据信息保存

技能点5：会编写C语言操作数据信息显示

技能点6：会数据基本操作

技能点7：会系统安全机制设置

完成系统数据输入界面和变量组态后，需要根据工艺的要求限定数据的格式，并将数据存储到磁盘指定的位置，为了能方便地调用和查询数据，介绍了微软ListView6.0控件的使用，通过自定义C脚本语言操作ListView6.0控件实现数据的查询显示、搜索、删除以及数据提取等功能。

资源2.7
录屏-数据存储
与显示

【任务分析】

组态实施的过程，主要包括如下。

① 组态按钮，编写读取磁盘中某文件数据的C脚本动作。

② 添加ListView控件，并配置相关参数，使其以列表形式显示数据。

③ 编写读取磁盘中某文件数据，并将数据显示在ListView控件中的C脚本动作。

④ 在ListView控件中，通过C语言，添加搜索信息的功能。

⑤ 在ListView控件中，通过C语言，添加删除信息的功能。

⑥ 在ListView控件中，通过C语言，添加提取信息的功能。

⑦ 操作权限的设置与组态。

【任务实施】

一、信息的保存

1.文件的操作

（1）文件概述

所谓"文件"是指一组相关数据的有序集合。这个数据集有一个名称，叫做文件名。文件通常是驻留在外部介质（如磁盘等）上的，在使用时才调入内存中来。从不同的角度可对文件作不同的分类。

普通文件是指驻留在磁盘或其他外部介质上的一个有序数据集，可以是源文件、目标文件、可执行程序；也可以是一组待输入处理的原始数据，或者是一组输出的结果。对于源文件、目标文件、可执行程序可以称作程序文件，对输入输出数据可称作数据文件。

（2）文件指针

文件指针在C语言中用一个指针变量指向一个文件，这个指针称为文件指针。通过文件指针就可对它所指的文件进行各种操作。

定义说明文件指针的一般形式为：FILE*指针变量标识符；其中FILE应为大写，它实际上是由系统定义的一个结构，该结构中含有文件名、文件状态和文件当前位置等信息。在编写源程序时不必关心FILE结构的细节。例如：FILE*fp；表示fp是指向

笔记

FILE结构的指针变量，通过fp即可找到存放某个文件信息的结构变量，然后按结构变量提供的信息找到该文件，实施对文件的操作。习惯上也笼统地把fp称为指向一个文件的指针。文件的打开与关闭，文件在进行读写操作之前要先打开，使用完毕要关闭。所谓打开文件，实际上是建立文件的各种有关信息，并使文件指针指向该文件，以便进行其他操作。关闭文件则断开指针与文件之间的联系，也就禁止再对该文件进行操作。

（3）打开文件

文件打开函数fopen()

fopen函数用来打开一个文件，其调用的一般形式为：文件指针名=fopen（文件名，使用文件方式），其中，"文件指针名"必须是被说明为FILE类型的指针变量，"文件名"是被打开文件的文件名。"使用文件方式"是指文件的类型和操作要求。"文件名"是字符串常量或字符串数组。例如：

```
FILE *fp;
fp=("file a","r");
```

其意义是在当前目录下打开文件file a，只允许进行"读"操作，并使fp指向该文件。

对于文件使用方式有以下几点说明：

① 文件使用方式由r,w,a,t,b，+六个字符拼成，各字符的含义是：

r(read)：读
w(write)：写
a(append)：追加
t(text)：文本文件，可省略不写
b(banary)：二进制文件

② 凡用"r"打开一个文件时，该文件必须已经存在，且只能从该文件读出。

③ 用"w"打开的文件只能向该文件写入。若打开的文件不存在，则以指定的文件名建立该文件，若打开的文件已经存在，则将该文件删去，重建一个新文件。

④ 若要向一个已存在的文件追加新的信息，只能用"a"方式打开文件。但此时该文件必须是存在的，否则将会出错。

⑤ 在打开一个文件时，如果出错，fopen将返回一个空指针值NULL。在程序中可以用这一信息来判别是否完成打开文件的工作，并作相应的处理。因此常用以下程序段打开文件：

```
FILE *fp;
fp=fopen("D:\\123.txt","a");
if(fp==NULL)
{
```

```
MessageBox(NULL,"ErrorText","MyErrorBox",MB_OK|MB_ICONSTOP|MB_SETFORE
GROUND|MB_SYSTEMMODAL);
return;
}
```

（4）写文件

写字符串函数 fputs()

fputs 函数的功能是向指定的文件写入一个字符串，其调用形式为：fputs（字符串，文件指针），其中字符串可以是字符串常量，也可以是字符数组名，或指针变量，例如：

```
FILE *fp;
char a[20]= "hello world! ";
fp=fopen("D:\\123.txt","a");
fputs(a,fp);
```

（5）读文件

读字符串函数 fgets()

fgets 函数的功能是从指定的文件读出一个字符串，并传送至相应的数组中去。其调用形式为：fgets（数组名，字符个数N，文件指针），fgets()用来从所指的文件内读入N-1个字符并存到指定数组中，最后会加上NULL作为字符串结束。例如：

```
FILE *fp;
char a[20];
fp=fopen("D:\\123.txt","r");
fgets(a,21,fp);// 从文件中读取20个字符并保存于数组a中。
```

（6）文件定位

① rewind()函数　rewind()函数的作用是将文件中的光标定位到文件的开头，例如：

```
FILE *fp;
fp=fopen("D:\\123.txt","r");
rewind(fp);
```

② fseek()函数　fseek()函数可以控制文件内的光标从某个位置前移或者后移指定的位数，这样可以实现文件里的内容灵活的读写。例如：

fseek(fp,100L,0)：把文件内部指针移动到离文件开头100字节处；

fseek(fp,100L,1)：把文件内部指针移动到离文件当前位置100字节处；

fseek(fp,-100L,2)：把文件内部指针退回到离文件结尾100字节处。

fseek 函数的文件指针，应该为已经打开的文件。如果没有打开的文件，那么将会出现错误。fseek 函数一般用于二进制文件，也可以用于文本文件。用于文本文件操作时，需特别注意回车换行的情况，回车换行符占3个字符。

（7）关闭文件

文件关闭函数 fclose()

文件使用完以后要在程序最后关闭文件，否则无法通过编译。文件关闭的方法如下：

```
fclose(fp) //关闭 fp 指向的文件
```

2.保存动作的实现

在产品信息输入界面中的"保存"按钮的鼠标事件属性的"按左键"下编辑C动作，动作执行代码如下：

```
char *p;
char b[30],a[30],c[30];
FILE *fp;
int i;
int temp;
p=GetTagChar("product_name");       //获取界面中输入的产品名称
strcpy(a,p);
temp=strlen(a);
for(i=0;i<8-temp;i++)
{
strcat(a," ");
}
p=GetTagChar("product_number");     //获取界面中输入的产品编号
strcpy(b,p);
p=GetTagChar("product_shijian");    //获取界面中输入的产品时间
strcpy(c,p);
fp=fopen("D:\\123.txt","a");        //打开D盘123文本文档
if(fp==NULL)
{
MessageBox(NULL,"ErrorText","MyErrorBox",MB_OK|MB_ICONSTOP|MB_SETFORE
GROUND|MB_SYSTEMMODAL);
return;
}
fputs(a,fp);         //输入产品名称到文件
fputs(b,fp);         //输入产品编号到文件
fputs(c,fp);         //输入产品时间到文件
fputs("\r\n",fp);
fclose(fp);          //关闭文件
```

笔记

打开D盘中的123.txt文件，存储的产品信息效果如图2-3-1所示。

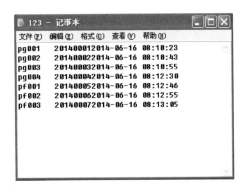

图2-3-1　存储的产品信息效果图

二、产品信息的显示

存储产品的信息目的是为了供以后查询，如何将D盘中的123.txt文件中的数据在人机界面中显示呢？如何查看已经生产的产品信息？这一节将介绍WINCC中微软封装的ListView控件的使用。

1.添加ListView控件

鼠标单击画面右侧对象选项板下面的"控件"按钮，在空白处单击鼠标右键，选择"添加/删除"如图2-3-2所示。

在弹出的对话框中选择Microsoft ListView Control 6.0，如图2-3-3所示，单击"确定"按钮就可以将ListView控件添加到对象选项板中。

资源2.8
微课-ListView

图2-3-2　对象选项板

图2-3-3　ListView控件添加

鼠标单击对象选项板中的ListView控件，在画面中拖放至合适大小，ListView控件在WinCC画面中默认的名称是"控件1"。

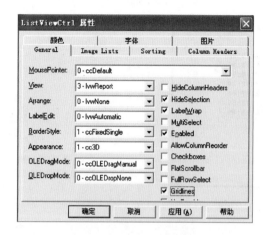

图 2-3-4　ListView 属性界面

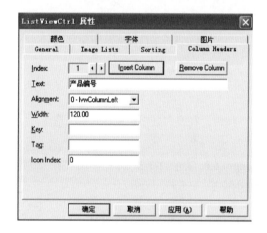

图 2-3-5　ListView 属性设置

图 2-3-6　产品信息显示标题

笔记

2.ListView 属性设置

鼠标点击画面中的 ListView 控件，弹出 ListView 控件属性设置对话框，如图 2-3-4 所示。

在"General"选项卡中，将 View 属性设置成 3，勾住 Gridlines 选项，其余选项缺省设置。

在"Column Headers"选项卡中，点击"Insert Column"按钮，输入第一列的列标题，以及第一列的列宽后点击"应用"按钮，如图 2-3-5 所示。

重复以上的操作步骤输入第二列的列标题以及输入第三列的列标题，输入完的效果如图 2-3-6 所示。

3.将数据导入 ListView 控件

设置完 ListView 控件后需要在界面中组态一个按钮，在按钮属性中将其字符名称修改为"数据显示"，在该按钮的事件属性下编辑一个 C 动作，此动作使得按钮点击后 D 盘中的 123.txt 文件中的数据导入到 ListView 控件中，123.txt 文件中的每一行数据都会在 ListView 控件中的每一行中显示。该按钮下的 C 动作执行代码如下：

```
#define GetObject GetObject
__object *pdl=NULL;
__object *pic=NULL;
__object *obj=NULL;
__object *item=NULL;
int i,j;
char *d;
char aa[10];
char a[20],b[20],c[20],dd[20],ee[20];
FILE *fp;
fp=fopen("D:\\123.txt","r");
if(fp==NULL)
{
```

```
        HWND hwnd=NULL;
        hwnd=FindWindow(NULL,"WinCC-运行系统 - ");
        MessageBox(hwnd," 文件打开出错 "," 警告 ",MB_OK|MB_ICONSTOP);
        return;
}
pdl=__object_create("PDLRuntime");
pic=pdl->GetPicture("");
obj=pic->GetObject(" 控件 1");
obj->ListItems->Clear();
obj->view=3;
rewind(fp);
for(i=1; feof(fp)==0;)
{
    fgets(a,9,fp);
    a[9]='\0';
    if(feof(fp)!=0)
    break;
    fgets(b,9,fp);
    fgets(c,20,fp);
    b[9]='\0';
    c[20]='\0';
    fgets(aa,3,fp);
for(j=0;j<strlen(a);j++)
{
    if(a[j]==' ')
    {
        a[j]='\0';
        break;
    }
}
item=obj->ListItems->Add();
obj->ListItems->Item(i)->Text=a;
obj->ListItems->Item(i)->listSubItems->Add(1,"Tuesday",b);
obj->ListItems->Item(i)->listSubItems->Add(2,"Wednesday",c);
i++;
}
fclose(fp);
__object_delete(item);
__object_delete(obj);
__object_delete(pic);
__object_delete(pdl);
```

运行效果如图 2-3-7 所示。

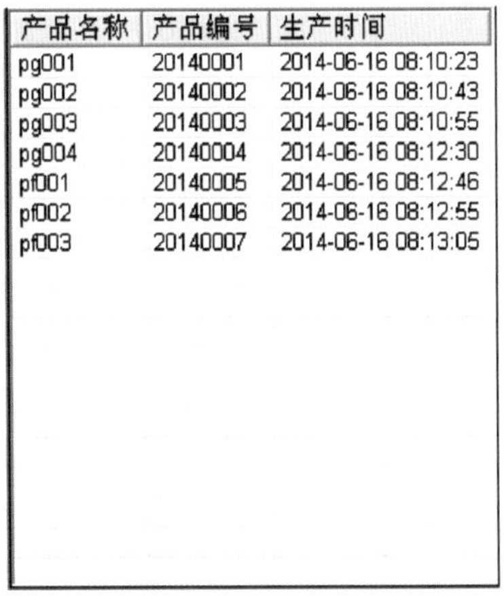

产品名称	产品编号	生产时间
pg001	20140001	2014-06-16 08:10:23
pg002	20140002	2014-06-16 08:10:43
pg003	20140003	2014-06-16 08:10:55
pg004	20140004	2014-06-16 08:12:30
pf001	20140005	2014-06-16 08:12:46
pf002	20140006	2014-06-16 08:12:55
pf003	20140007	2014-06-16 08:13:05

图 2-3-7　产品数据导入

4.ListView中搜索数据

当点击"数据显示"按钮时，D盘中123.txt文件中的所有数据都会导入到ListView控件中，当数据量很大时，ListView控件加载数据的速度就较慢，且显示的数据较多，不易于查找所需求的信息。为了快速准确地显示出需要的信息，可以增加搜索的功能，可以实现按照产品名称搜索，按照产品编号搜索，也可以按照生产时间搜索，由于三种搜索方式原理相同，这里就只介绍按照产品名称搜索，另外两种搜索方式留给读者课后思考。

在界面中增加一个输入输出域、一个静态文本和一个按钮，静态文本的字符设置为"产品编号"，按钮的名称设置为"搜索"，输入输出域中连接一个内部变量，该变量需要进入变量管理器建立，变量名为"search"，数据类型为字符型。

鼠标右击输入输出域，选择"组态对话框"，在弹出的窗口中进行如图2-3-8所示设置。

设置完成后的界面如图2-3-9所示。

图2-3-8　I/O域组态设置

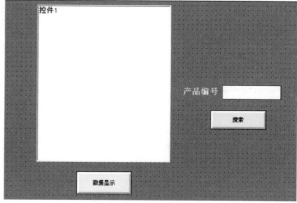

图2-3-9　产品数据搜索界面

该按钮的事件属性下编辑一个C动作，该动作执行后，ListView控件中只显示与输入输出域中输入的字符相匹配的信息，在很大程度上提高了数据显示的效率。该C动作执行的过程如下：

```
#define GetObject GetObject
__object *pdl=NULL;
__object *pic=NULL;
__object *obj=NULL;
__object *item=NULL;
int i,j;
char *d;
char aa[10];
char a[20],b[20],c[20],dd[20],ee[20];
FILE *fp;
```

笔记

```
fp=fopen("D:\\222.txt","r");
if(fp==NULL)
{
    HWND hwnd=NULL;
    hwnd=FindWindow(NULL,"WinCC-运行系统 - ");
    MessageBox(hwnd,"文件打开出错","警告",MB_OK|MB_ICONSTOP);
    return;
}
pdl=__object_create("PDLRuntime");
pic=pdl->GetPicture("");
obj=pic->GetObject("控件1");
d=GetTagChar("search");
strcpy(dd,d);
obj->ListItems->Clear();
obj->view=3;
rewind(fp);
for(i=1; feof(fp)==0;)
{
    fgets(a,9,fp);
    a[9]='\0';
    if(feof(fp)!=0)
    break;
    strcpy(ee,a);
    ee[strlen(dd)]='\0';
    if(strcmp(ee,dd)!=0)
    {
     fseek(fp,22L,1);
     continue;
    }
    fgets(b,9,fp);
    fgets(c,9,fp);
    b[9]='\0';
    c[9]='\0';
    fgets(aa,3,fp);
for(j=0;j<strlen(a);j++)
{
    if(a[j]==' ')
    {
        a[j]='\0';
        break;
    }
}
item=obj->ListItems->Add();
```

```
obj->ListItems->Item(i)->Text=a;
obj->ListItems->Item(i)->listSubItems->Add(1,"Tuesday",b);
obj->ListItems->Item(i)->listSubItems->Add(2,"Wednesday",c);
i++;
}
fclose(fp);
__object_delete(item);
__object_delete(obj);
__object_delete(pic);
__object_delete(pdl);
```

运行效果如图2-3-10所示。

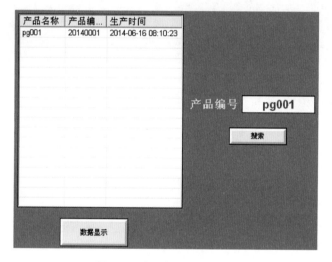

图2-3-10　产品数据搜索组态效果

三、数据的基本操作

1.删除数据

笔记

当需要删除ListView控件中某一行的数据时，可以鼠标点击选中某一行，按下键盘上的某个键可以删除选中行的数据。实现过程如下。

首先鼠标右击ListView控件，在弹出的对话框中选择"属性"，在"事件"属性下的"对象事件"属性下选择"KeyPress"，在该属性处组态一个C动作，动作执行代码如下：

```
#define GetObject GetObject
__object  *pdl=NULL;
__object  *pic=NULL;
__object  *obj=NULL;
__object  *item=NULL;
```

```
int i;
char *p;
p=KeyAscii;
if(*p!='d')              //按下d键删除数据，此处读者可以自定义键值
return;
pdl=__object_create("PDLRuntime");
pic=pdl->GetPicture("");
obj=pic->GetObject("控件1");
i=obj->SelectedItem->Index;        //获取选中行的索引号
obj->ListItems->Remove(i);         //调用Remove方法删除指定行
__object_delete(item);
__object_delete(obj);
__object_delete(pic);
__object_delete(pdl);
```

2.数据提取

当需要使用ListView控件中某一行的数据时，可以通过鼠标双击选中某一行，将该行对应的数据提取出来使用。实现过程如下。

首先鼠标右击ListView控件，在弹出的对话框中选择"属性"，在"事件"属性下的"对象事件"属性下选择"DoubleClick"，在该属性处组态一个C动作，动作执行代码如下：

```
#define GetObject GetObject
__object *pdl=NULL;
__object *pic=NULL;
__object *obj=NULL;
__object *item=NULL;
int j;
char a1[20],b1[20],c1[20];
pdl=__object_create("PDLRuntime");
pic=pdl->GetPicture("");
obj=pic->GetObject("控件1");
j=obj->SelectedItem->Index;
strcpy(a1,obj->ListItems->Item(j)->Text);
strcpy(b1,obj->ListItems->Item(j)->listSubItems(1));
strcpy(c1,obj->ListItems->Item(j)->listSubItems(2));
__object_delete(item);
__object_delete(obj);
__object_delete(pic);
__object_delete(pdl);
SetTagChar("product_name1",a1);
```

```
SetTagChar("product_number1",b1);
SetTagChar("product_shijian1",c1);
```

上面代码中最后三行是将ListView控件中的选中行数据提取出来并传送给三个内部变量："product_name1"，"product_number1"，"product_shijian1"。这三个变量的建立只是为了验证数据提取的结果，为了将三个变量中的内容显示出来，需要在界面中增加三个输入输出域，并连接这三个内部变量。关于变量与输入输出域的连接前面已经介绍过，这里就不再重复，运行效果如图2-3-11所示。

素质拓展阅读

维护数据安全就
是维护国家安全

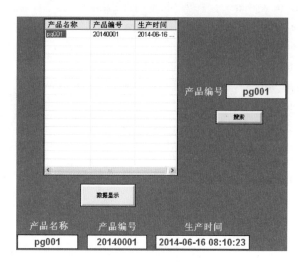

图2-3-11　数据提取组态效果

资源2.9
微课-操作权限

笔记

四、系统的安全机制

回顾前面学习的内容，在本例产品信息输入界面组态中有一个保存按钮，该按钮按下后可以将"产品名称"、"产品编号"、"生产时间"等信息写入磁盘中的某个文件中。该按钮只有生产操作人员才可以点击，所以为了保证数据记录的规范与安全，需要给按钮增加相应的权限。

1.用户的建立

鼠标双击工程管理器中的"用户管理器"，进入用户管理器编辑界面，首先点击"新建组"图标，建立管理用户的组，然后选中建立的组，点击"新建用户"图标，建立具体的用户，此时会弹出如图2-3-12所示的对话框。

图2-3-12　添加新用户窗口

输入用户名和密码即可。可以在一个用户组下建立多个用户，如图2-3-13所示。

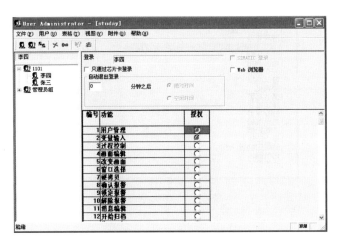

图2-3-13　用户管理界面

图2-3-13中在"1101"组下建立了"张三"和"李四"两个用户，鼠标点击具体的用户名时可以给该用户分配相应的授权，操作方法是鼠标双击"授权"列的复选框。当用户拥有某授权时会显示红色，图中分配了"用户管理"和"变量输入"授权。当鼠标再次双击可以取消该授权。

2.画面对象权限的分配

鼠标右击产品信息输入界面中的"保存"按钮，选择"属性"中的"其他"选项，如图2-3-14所示。

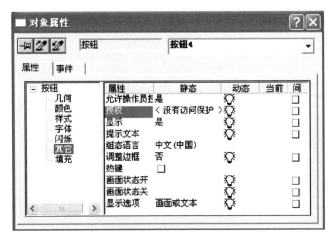

图2-3-14　画面对象属性设置

所有的对象默认的是没有授权，鼠标双击"没有访问保护"字样，弹出如图2-3-15所示的授权设置对话框，可以给该对象设置相应的授权。图中显示的所有权限选项和"用户管理器"中建立用户时给用户分配的权限一样。一个对象只能分配一种权限。

图2-3-15 对象权限设置

当按"保存"按钮设置完授权后，只有以拥有相应权限的用户身份登录以后才可以点击，当没有权限的已经登录操作员以及没有登录的操作员点击该按钮时会弹出如图2-3-16所示。

图2-3-16 未授权检查界面

3.用户登录与注销

为了操作某个对象，用户必须以一定的身份登录系统，WINCC中并没有提供给用户直接登录的界面，用户需自行组态登录界面。参考界面如图2-3-17。

图2-3-17 用户登录界面

用户登录界面由"用户登录"按钮、"用户注销"按钮、"输入输出域"组成，"用户登录"按钮用来弹出登录对话框，"输入输出域"用来显示当前登录用户，新用户登录时需要注销当前登录用户。

（1）用户登录动作

登录动作在"用户登录"按钮的鼠标单击事件下组态，该动作的代码如下：

```
#pragma code("UseAdmin.dll")
#include "PWRT_API.h"
#pragma code()
PWRTLogin('c');
```

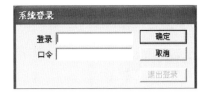

图2-3-18 用户登录界面

该动作运行的效果如图2-3-18所示。

（2）用户注销动作

注销动作在"用户注销"按钮的鼠标单击事件下组态，该动作的代码如下：

```
#pragma code("UseAdmin.dll")
#include "PWRT_API.h"
#pragma code()
PWRTLogout();
```

（3）用户显示

用户显示是直观地显示当前谁在登录系统，用户显示通过输入输出域实现，输入输出域的作用是显示变量的值，WINCC将用户登录名保存在系统变量"@CurrentUser"中，系统变量是WINCC建立好的变量，位于内部变量中，用户不可以删除或修改，系统变量前有"@"标识，如图2-3-19所示。

名称	类型	参数
Script	变量组	
TagLoggingRt	变量组	
NewGroup	变量组	
chuankou	变量组	
@CurrentUser	文本变量 8 位字符集	
@DeltaLoaded	无符号 32 位数	
@LocalMachineName	文本变量 8 位字符集	
@ConnectedRTClients	无符号 16 位数	
@RedundantServerS...	无符号 16 位数	
@DatasourceNameRT	文本变量 16 位字符集	
@ServerName	文本变量 16 位字符集	
@CurrentUserName	文本变量 16 位字符集	

图2-3-19 用户显示组态界面

从图2-3-19中可以看出"@CurrentUser"的数据类型是文本型，因此界面中的输入输出域要设置成显示文本变量的类型，参考产品信息输入界面组态部分。用户登录效果如图2-3-20所示。

图2-3-20 用户登录组态效果

任务4

系统仿真测试

【学习目标】

笔 记

知识点 ▸▸

知识点1：应识仿真测试界面

知识点2：应会调试调用方法

知识点3：应会与PLC通讯方法

技能点 ▸▸

技能点1：会通讯测试

技能点2：会WinCC测试

技能点3：会WinCC与PLC联机测试

【任务导入】

系统完成后一般需要对项目进行测试，如果没有连接PLC可以使用仿真器模拟测试，也可以使用自定义的内部变量模拟测试。如果上位机连接了PLC，可以直接运行PLC再测试人机界面程序。

【任务分析】

组态测试的方法，主要包括如下。

① C脚本动作的测试。

② 调用变量模拟器进行人机界面功能的测试。

③ 通过运行PLC程序实现人机界面功能的测试。

【任务实施】

资源2.10
微课-项目移植

一、变量模拟器仿真测试

在实际的项目中WinCC通常需要和外部设备交换大量的数据，这些数据以过程变量的形式存在，然而在对WinCC运行系统测试时还没有连接到PLC等外部设备，所以过程变量的值是没有变化的，为了实现变量值的变化，可以借助于WinCC的仿真调试器，该调试器可以实现WinCC内部任意变量值的变化。

点击操作系统左下角的开始按钮，依次选择"所有程序"→"SIMATIC"→"WinCC"→"Tools"→"WinCC TAG Simulator"弹出如图2-4-1所示的界面。选择Edit菜单下的New Tag选项，然后选择需要模拟的变量即可，如图2-4-2所示。

笔记

图2-4-1　变量仿真界面

图2-4-2　变量激活界面

二、PLC通信测试

WinCC与PLC通信时需要添加PLC的驱动，西门子公司近些年来也不断地更新着WinCC的驱动程序，最新版本的WinCC几乎可以和市面上各种品牌及型号的PLC建立起通信，即使没有通信程序也可以通过OPC实现。

WinCC与PLC通信（以S7-300为例）测试的过程如下。

① 单击变量管理，单击添加新的驱动程序，如图2-4-3所示。

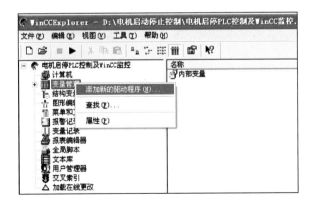
图2-4-3　添加新的驱动程序

② 在添加新的驱动程序中选择SIMATIC S7 Protocol Suite.chn，单击"打开"按钮。如图2-4-4所示。

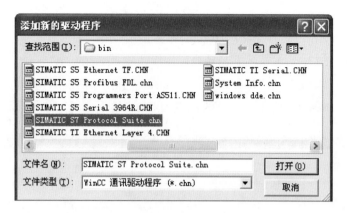

图2-4-4　选择驱动程序

③ 在SIMATIC S7 Protocol Suite中，在"MPI"上单击右键，出现下拉菜单，单击新的驱动程序的连接。如图2-4-5所示。

图2-4-5　新的驱动程序连接

④ 在连接属性中，单击"属性"按钮，如图2-4-6所示。

⑤ 在连接参数中，站地址是2，段是0，机架号是0，插槽号是2，如图2-4-7所示，单击"确定"按钮。

图2-4-6　连接属性　　　　　　　　　　　　　　图2-4-7　连接参数

⑥ 在新的连接中右键单击NewConnnection，单击"新建变量"，如图2-4-8所示。

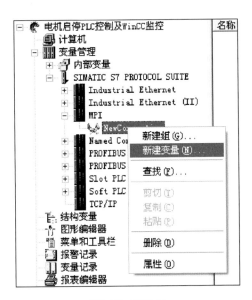

图2-4-8　新建变量

⑦ 给变量名称命名为"画面启动按钮"，数据类型为："二进制变量"，然后单击"选择"按钮，如图2-4-9所示。

⑧ 在地址属性中，数据选择位内存，地址选择位，选择M0.0，单击"确定"按钮。如图2-4-10所示。画面停止按钮设置变量方法同理。

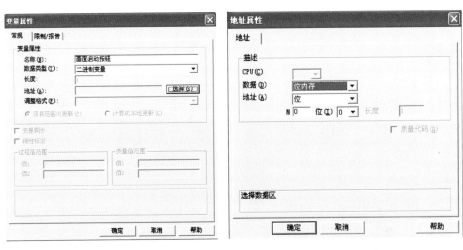

图2-4-9　变量属性设置　　　　　　　　图2-4-10　地址属性设置

⑨ 建立画面输出显示变量，变量名称为"电机接触器线圈"，选择二进制变量，单击"选择"按钮。如图2-4-11所示。

⑩ 地址属性中数据选择输出，地址选择位，选择Q4.0，单击"确定"按钮。如图2-4-12所示。

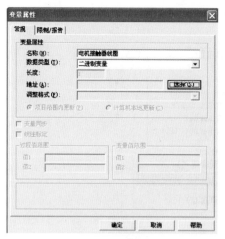

图 2-4-11　变量属性设置

图 2-4-12　地址属性

通过以上步骤可以建立 WinCC 与 PLC 的点对点的连接，系统运行时先运行 PLC 程序，然后再激活 WinCC 画面。为了监测 WinCC 与 PLC 通信，可以在画面中建立输入输出域，然后将 PLC 变量添加至输入输出域中，画面激活时如果某个输入输出域颜色是灰色，则说明 PLC 变量没有顺利传递至 WinCC 中，此时将该变量重新建立一次，并检查地址是否正确即可；如果所有输入输出域都是灰色，则说明通信通道配置有误，需重新检查配置。

任务5

WinCC 拓展项目

【小试牛刀】

资源 2.11
录屏 - 电机控制

① 工程名：电机启停控制。

② 画面窗口：名称"电机控制"，窗口标题："电机启停控制系统"。

③ 控制要求：在图形界面中，组态一个按钮并从图库中挑选一台电机，鼠标点击按钮控制电机运行，再次点击控制电机停止。电机通过颜色闪烁表示出相应的运行状态。

④ 参考示例图如图 2-5-1 所示。

图 2-5-1　电机启停控制示例图

前述主要基于单个对象进行控制的组态学习，在此，引入"绿化植被喷淋系统"工程案例，拓展学习多对象组合控制的组态实施过程。

① 工程名：绿化植被喷淋系统。

② 画面窗口：名称"绿化植被喷淋控制"，窗口标题："绿化植被喷淋系统"。

③ 控制要求：按"启动"按钮后，增压泵开始运行，与增压泵相连的管道上的喷头开始工作，按"停止"按钮后增压泵停止运行，喷头停止工作。

④ 参考示例如图2-5-2所示。

资源2.12
录屏-喷淋仿真
效果演示

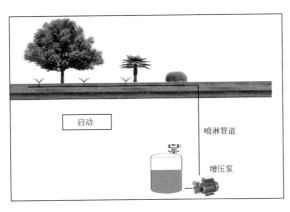

图2-5-2　机械手搬运系统示例图

【照猫画虎】

仿照融会贯通演示案例，拓展练习以下工程。

① 工程名：绿化植被喷淋管理系统。

② 用户窗口：名称"绿化植被喷淋管理"。

③ 控制要求：在融会贯通案例的基础上增加操作数据记录功能，记录泵运行和停止的时间，将数据以文件的形式保存到计算机硬盘中。

资源2.13
录屏-效果演示

教学情境三
MACS 系统组态技术及应用

自20世纪70年代中期工业控制领域推出第一套集散控制系统以来，集散控制系统已发展为工业生产过程自动控制的主流。随着计算机技术、控制技术、通信技术和图形显示技术等系统技术的发展，集散控制系统也在不断发展和更新，系统的开放性、功能的综合性和先进性、操作的方便性和可靠性等方面都有不同程度的改进和提高。产品的应用范围已不仅仅是工业控制领域的各个方面，而是向制造过程自动化和过程自动化的综合管理方向发展。目前集散控制系统的产品非常多，它们的硬件和软件差别也不少，但是从其基本构成方式和构成要素来分析，则具有相同或相似的特性。

和利时公司基于先进自动化技术开发了集成工业自动化系统—HOLLiAS MACS系统。该系统采用了目前世界上先进的现场总线技术，支持FF、DEVICENET、CANBUS、PA等主流总线，智能化仪表可以方便地和系统相连。采用成熟的先进控制算法，全面支持IEC61131-3标准。支持OPC技术、ActiveX技术，并且集成了AMS系统、RealMIS系统、ERP系统等，以及系统集成了众多知名厂家的典型控制系统的驱动接口，可在智能现场仪表设备、控制系统、企业资源管理系统之间进行无缝信息流传送，能方便地实现工厂智能化、管控一体化，为工厂自动控制和企业管理提供全面的解决方案。

素质拓展阅读

和利时集团带领
从中国制造走向
中国创造

【情境介绍】

本教学情境基于HOLLiAS MACS-FM系列进行系统组态与过程控制，以"水箱液位控制系统"为案例工程，从项目需求分析着手，详细介绍了数据库总控组态、控制器算法组态、报表组态、图形组态、工程下装及运行调试等内容，实现了对工程液位组态、控制及监控，形成一个完整的工程组态与测试学习过程。情境最后还通过"小试牛刀"、"融会贯通"和"照猫画虎"等环节引入强化学习。

资源3.1
微课-初识
MACS

【学习目标】

素质点 ▶▶

素质点1：在不降低系统控制性能的前提下实现成本控制，培养节约意识，推进高端装备制造业的高质量发展。

素质点2：运行状态下的监控操作，做到安全第一，预防为主，建设平安中国。

知识点 ▶▶

知识点1：应知MACS基本组成　　　　知识点2：应知MACS组态流程

技能点 ▶▶

技能点1：应会MACS系统工程项目分析
技能点2：应会MACS系统数据库总控组态
技能点3：应会MACS系统控制算法组态
技能点4：应会MACS系统报表组态
技能点5：应会MACS系统图形组态
技能点6：应会MACS系统下装与运行调试

【思维导图】

引入"水箱液位控制系统"的案例工程，基于MACS软件平台，通过组态方法和组态技巧的学习，完成系统组态设计并进行应用调试。MACS系统组态学习思维导图如图3-0-1所示。

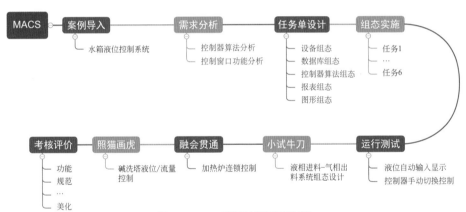

图3-0-1　MACS系统组态学习思维导图

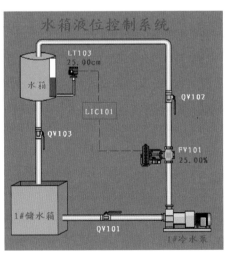

【案例描述】

如图3-0-2，某化工工艺液体通过1#储水箱，电动机1#冷水泵动力驱动，经电动调节阀FV101组成的动力支路进入水箱，进水手动阀QV-101、QV-102全开，出水手动阀QV103开至某一适当开度，固定。

图3-0-2　生产过程装置工艺图

由电动调节阀PV101、液位传感器LT103、水箱和HOLLiAS MACS-FM控制器LIC101组成控制回路，实现对水箱液位的实时检测和PID控制等，保证水箱液位控制的可靠性、实时性及稳定性。

【知识点拨】

1.了解HOLLiAS-MACS系统结构体系

资源3.2
微课-MACS系统构成

HOLLiAS-MACS系统是由以太网和使用现场总线技术的控制网络连接的各工程师站、操作员站、现场控制站、通讯控制站、打印服务站、数据服务器组成的综合自动化系统，完成大型、中型分布式控制系统（DCS）、大型数据采集监控系统（SCADA）功能。其系统架构如图3-0-3所示。

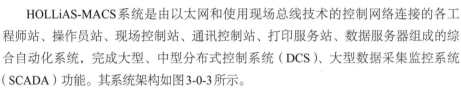

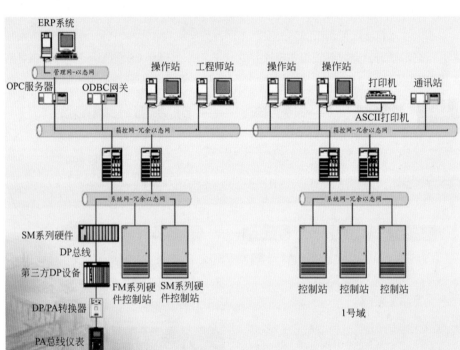

图3-0-3　HOLLiAS-MACS系统架构图

笔记

工程师站：运行相应的组态管理程序，对整个系统进行集中控制和管理。主要有以下功能。

① 控制策略组态（包括系统硬件设备、数据库、控制算法）、人机界面组态（包括图形、报表）和相关系统参数的设置。

② 现场控制站的下装和在线调试，操作员站人机界面的在线修改。

③ 在工程师站上运行操作员站实时监控程序后，可以把工程师站作为操作员站使用。

操作员站：运行相应的实时监控程序，对整个系统进行监视和控制。主要有以下功能。

① 各种监视信息的显示、查询和打印，主要有工艺流程图显示、趋势显示、参数列表显示、报警监视、日志查询、系统设备监视等。

② 通过键盘、鼠标或触摸屏等人机设备，通过命令和参数的修改，实现对系统的人工干预，如在线参数修改、控制调节等。

通信站：通信站作为DCS系统与其他系统的通信接口，可以连接企业的ERP系统和实时信息系统RealMIS，或者接入Internet/Intranet/Extranet。工厂的各个部门可以掌握更多的生产信息，从而为最终用户提供更多的产品和更好的服务。它不仅提供了对生产过程、人员、设备和资源的管理，还可以帮助用户寻找出现问题的原因和生产过程的瓶颈。

现场控制站：由主控单元、智能IO单元、电源单元、现场总线和专用机柜等部分组成，采用分布式结构设计，扩展性强。其中主控单元是一台特殊设计的专用控制器，运行工程师站所下装的控制程序，进行工程单位变换、控制运算，并通过监控网络与工程师站和操作员站进行通讯，完成数据交换；智能IO单元完成现场内的数据采集和控制输出；电源单元为主控单元、智能IO单元提供稳定的工作电源；现场总线为主控单元与智能IO单元之间进行数据交换提供通讯链路。其中，主控单元采用冗余配置，通过现场总线（Profibus-DP）与各个智能I/O单元进行连接。在主控单元和智能IO单元上，分别固化了相应的板级程序。主控单元的板级程序固化在半导体存储器中，而将实时数据存储在带掉电保护的SRAM中，完全可以满足控制系统可靠性、安全性、实时性要求。而智能IO单元的板级程序同样固化在半导体存储器中。

网络结构HOLLiAS-MACS系统由上下两个网络层次组成：监控网络（SNET）和控制网（CNET）。上层监控网络主要用于工程师站、操作员站和现场控制站的通讯连接；下层控制网络存在于各个现场控制站内部，主要用于主控单元和智能I/O单元的通讯连接。

① 监控网络：上层监控网络为冗余高速以太网链路，使用五类屏蔽双绞线及光纤将各个通讯节点连接到中心交换机上。该网络中主要的通讯节点有工程师站、操作员站、现场控制站，采用TCP/IP通讯协议，不仅可以提供100Mbps的数据连接，还可以连接到Intranet、Internet，进行数据共享。

监控网络实现了工程师站、操作员站、现场控制站之间的数据通讯。通过监控网络，工程师站可以把控制算法程序下装到现场控制站主控单元上，同时工程师站和操作员站也可以从主控单元上采集实时数据，用于人机界面上数据的显示。

② 控制网络：控制网络位于现场控制站内部，主控单元和智能I/O单元都连接在Profibus-DP现场总线上，采用带屏蔽的双绞铜线（串行总线）进行连接，具有很强的抗干扰能力。该网络中的通讯节点主要有DP主站（主控单元中的FB121模件）和DP从站(智能I/O单元—FM系列的输入/输出模件)。利用总线技术实现主控单元和过程I/O单元间的通讯，以完成实时输入/输出数据和从站设备诊断信息的传送，并且通过添加DP重复器模件，可以实现远距离通讯，或者连接更多的智能I/O单元。系统网络结构如图3-0-4所示。

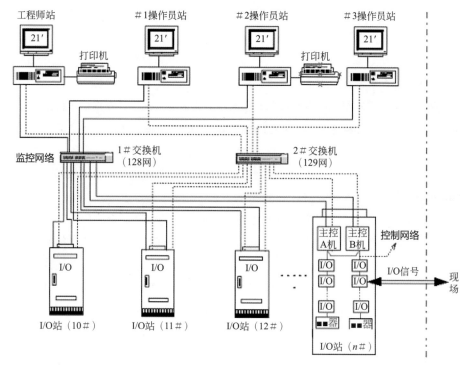

图 3-0-4　系统网络结构图

各个节点用固定分配的 IP 地址进行标识。为实现监控网络的冗余，网中每个节点的主机都配有两块以太网卡，分别连接到 128 网段和 129 网段的交换机上。监控网络的前两位 IP 地址已作了规定，分别为 128.0 和 129.0，后两位则可以自行定义。对于工程师站和操作员站的计算机，可以把它看作同一类计算机进行统一编号，具体操作可以参考表 3-0-1。

表 3-0-1　各节点计算机 IP 地址的分配

	计算机 0	计算机 1	计算机 2	计算机 $n(0 \leqslant n < 88)$
128 网段	128.0.0.50	128.0.0.51	128.0.0.52	128.0.0.(50+n)
129 网段	129.0.0.50	129.0.0.51	129.0.0.52	129.0.0.(50+n)

现场控制站主控单元 IP 地址的后两位已经由程序自动分配好，工程师站、操作员站 IP 地址的后两位则可以自行定义。一般将一个现场控制站里相互冗余的两个主控单元分别称为 A 机、B 机。它们的 IP 地址设置是通过一个拨码开关来实现的。对于工程师和操作员站的计算机，被看作同一类计算机，进行统一编号。设置后的现场控制站中系统网卡的 IP 地址如表 3-0-2 所示。

表 3-0-2　现场控制站系统网卡 IP 地址的设置

		#10 站主控单元	#11 站主控单元	#12 站主控单元	#n 站主控单元
A 机	128 网段	128.0.0.10	128.0.0.11	128.0.0.12	128.0.0.n
	129 网段	129.0.0.10	129.0.0.11	129.0.0.12	129.0.0.n
B 机	128 网段	128.0.0.138	128.0.0.139	128.0.0.140	128.0.0.(128+n)
	129 网段	129.0.0.138	129.0.0.139	129.0.0.140	129.0.0.(128+n)

笔记

2. 了解HOLLiAS-MACS系统硬件结构

HOLLiAS-MACS系统硬件产品包含可选的两大系列：FM系列和SM系列，这两大系列硬件均包含有各自的主控制器、电源模块、I/O模块、端子模块和控制机柜等。FM系列和SM系列从功能上说相近似，但从结构设计上侧重于不同的工程应用。FM系列硬件体系结构如图3-0-5所示。

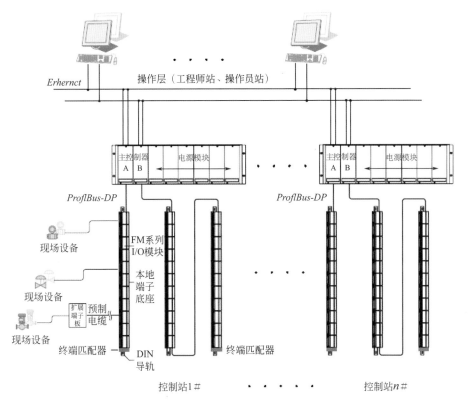

图3-0-5　FM系列硬件体系结构图

（1）主控制器

置于主控机笼内部的冗余主控制器是整个FM系列硬件系统的控制单元，采用双机冗余配置，内部具有硬件构成的冗余切换电路和故障自检电路，是实施各种控制策略的平台，也是系统网络和控制网络之间的枢纽。

FM801型主控单元是MACS系统现场控制站的核心设备，与专用机笼配合使用（如FM301，以下说明均以FM301为例），实现对本站下IO模块数据的采集及运算和接收服务器的组态命令及数据交换。通过冗余以太网接口把现场控制站的所有数据上传到MACS系统服务器，操作员站/工程师站指令也通过以太网下传到FM801。

（2）电源模块

FM系列硬件产品中的系统电源模块是AC/DC转换设备，采用开关电源技术，实现220V AC到24V DC和/或48V DC的转换，为主控制器和I/O模块等现场设备提供电源。系统电源模块既可以独立使用，也可以冗余配置。常用电源模块有FM910、

FM920。

（3）I/O 模块

FM 系列硬件系统的智能 I/O 模块由置于主控机笼和扩展机笼内部的 I/O 模块及对应端子模块共同构成，I/O 模块通过端子底座与现场信号线缆连接，用于完成现场数据的采集、处理与驱动，实现现场数据的数字化。每个 I/O 单元通过 ProfiBus-DP 现场总线与主控单元建立通讯。主控制器和 I/O 模块均支持带电插拔功能。常用 I/O 模块如表3-0-3所示。

表3-0-3　常用 I/O 模块

产品型号	产品名称	技术指标
FM143	8通道热电阻型模拟量输入模块	$50 \sim 383.02\,\Omega$
FM143A	8通道热电阻型模拟量输入模块	$0 \sim 147.15\,\Omega$
FM147	8通道热电偶型模拟量输入模块	$-5 \sim 78.125\text{mV}$
FM148A	8通道模拟量输入模块	$0 \sim 10\text{V}$；$0 \sim 20\text{mA}$
FM148E	8通道(通道隔离)模拟量输入模块	$0 \sim 10\text{V}$；$0 \sim 20\text{mA}$
FM148R	8通道(通道冗余)模拟量输入模块	$0 \sim 5\text{V}$；$0 \sim 20\text{mA}$
FM151A	8通道模拟量输出模块	$4 \sim 20\text{mA}$
FM152A	6通道(通道冗余)模拟量输出模块	$4 \sim 20\text{mA}$
FM161D	16通道触点型开关量输入模块	24VDC
FM161D-48	16通道触点型开关量输入模块	48VDC
FM161D-SOE	16通道触点型 SOE 量输入模块	24VDC
FM161D-48-SOE	16通道触点型 SOE 量输入模块	48VDC
FM161E-48-SOE	15通道(硬对时)SOE 量输入模块	48VDC
FM162	8通道脉冲量输入模块	$0 \sim 10\text{kHz}$
FM171	16通道继电器型开关量输出模块	无源常开接点
FM171B	16通道晶体管型开关量输出模块	光电耦合

（4）端子模块

FM 系列 I/O 模块和相应的端子底座配合，共同完成数据采集/控制输出。一般情况下，1个 I/O 模块配1个端子模块；冗余配置时，2个 I/O 模块配1个冗余端子底座。常用端子模板如表3-0-4所示。

表3-0-4　常用端子模板

产品型号	硬件配置	专用模块	接口类型
FM131A	通用	—	40位双排接线端子
FM131-C-A	外接端子模板	—	40PinC型连接器
FM131-E-A	外接端子模板	—	37PinD型连接器
FM132	冗余 AO	FM152	40位双排接线端子
FM133	冗余电流 AI	FM148R	40位双排接线端子
FM134	冗余电压 AI	FM148R	40位双排接线端子

笔记

（5）控制机柜

FM系列硬件产品中的控制机柜为框式结构，前后开门，左右侧板可拆卸。机柜前后门下方设计有通风孔、防尘罩，机柜顶部装有排风单元，前门内侧设有文件架，机柜顶部装有四个吊环。机柜底座与机柜主体之间为橡胶绝缘。机柜底座有4个M12的地脚螺钉孔。

控制机柜既可以独立安装，也可以密集安装。密集安装时（即多柜并柜安装），应去掉中间柜的两边侧板，只保留外侧两个控制机柜的左右侧板，并用固定侧板的螺栓将相邻两柜的机架连接起来。

控制机柜的正、反面可各安装三列导轨，每列最多可有11个模块，正面最多可有33个安装位，背面最多可有33个安装位，一共最多可以安装66个I/O模块（终端匹配器占用2个安装位，DP重复器占用1个安装位，如有热电偶补偿模块也需占用1个安装位）。图3-0-6为FM系列硬件设备的总装示意图。

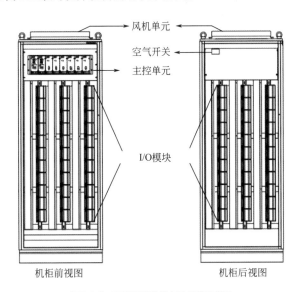

图 3-0-6　FM系列硬件设备的总装示意图

3.了解HOLLiAS-MACS系统的软件体系

HOLLiAS-MACS系统的软件主要包括组态软件、操作员站软件、数据站软件和控制站软件。组态软件是安装在工程师站上的，它包括：数据库总控组态、设备组态、数据站算法组态、控制器算法组态、报表组态、图形组态、工程师在线下装等组成部分，是完成用户对于测点、控制方案、人机界面等的组态。操作员站软件是安装在操作员站上的，它完成用户对于人机交互界面的监控，包括流程图、趋势、参数列表、报警、日志的显示及控制调节、参数整定等操作功能。数据站软件是安装在数据站上的，它完成对系统实时、历史数据的集中管理和监视，并为各站的数据请求提供服务。控制站软件是安装在现场控制站中的主控单元中，它完成数据采集、转换、控制运算等。在这里主要介绍HOLLiAS-MACS组态软件，主要包含以下几个部分的组件。

（1）数据库总控组态

整个工程的主控界面，用来部署和管理整个工程，如创建工程、为工程进行组和域的分配、提供进入数据库组态窗口的接口、进行工程的编译操作等。只有创建工程后，才能进入数据库组态窗口进行工程的数据库编辑操作。而且在工程的组态完成后，需要到数据库总控窗口中进行工程编译，生成下装文件，组态界面如图3-0-7所示。

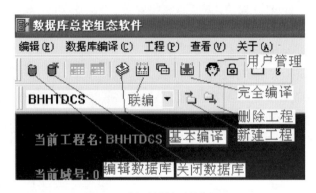

图3-0-7　数据库总控组态软件主画面

（2）设备组态

该组件用于组态工程的硬件设备，包括监控网络和系统网络中的网络设备，以及控制网中的现场控制站和I/O单元，又称为系统设备组态和I/O设备组态两部分。系统设备组态的任务是完成系统网和监控网上各网络设备的硬件配置；I/O设备组态是以现场控制站为单位来完成每个站的I/O单元配置。软件采用从主画面进入各组态画面的方式，完成各部分的组态过程，操作简单易行。

系统设备组态：要求对整个系统网络上挂接的所有设备进行定义。点击命令[开始/程序/MACS/MACSV_ENG/设备组态]，可进入设备组态主画面如图3-0-8所示。

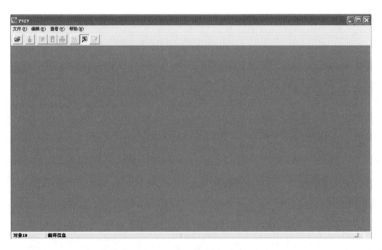

图3-0-8　设备组态界面

点击菜单命令[编辑/系统设备]可进入系统设备组态界面，如图3-0-9所示，按照系统设备生成向导完成系统设备组态。

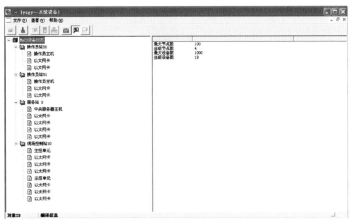

图 3-0-9 系统设备组态界面

I/O设备组态：是针对现场控制站和通信控制站内部设备的组态。该组态完成现场控制站和通信控制站内链路的添加，以及站内IO板的添加。

在设备组态主画面，点击菜单命令[编辑/IO设备]，进入I/O设备组态界面如图3-0-10所示。

图3-0-10　I/O设备组态画面

按照系统测点清单，添加各种I/O模块如图3-0-11所示。选择每个添加的设备，鼠标右键，可以选择属性，编辑属性。

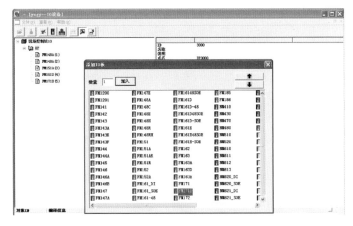

图3-0-11　添加IO板界面

选中要编译的现场控制站，单击工具栏中的 ，系统将对编辑的现场控制站进行编译。编译的结果将在编译信息窗口中显示。

（3）控制器算法组态

算法组态软件用于组态控制器的算法以实现控制策略，是针对底层控制器的组态。它集成了控制器算法的编辑、管理、仿真、在线调试以及硬件配置功能，支持IEC61131-3中规定的全部6种编程语言。作为控制方案的开发平台，包括控制方案编辑器和仿真调试器两部分。

点击命令[开始/程序/MACS/MACSV_ENG/控制器算法组态]，进入选择工程界面，提示选择站号，进入到控制器算法组态界面，如图3-0-12所示。

图3-0-12 控制器算法组态界面

（4）报表组态

该组件用于根据现场的过程数据进行报表编辑，即报表定义和动态点信息的添加。报表生成系统与数据库生成系统有关，在进入报表编辑之前必须完成系统库的生成，也就是说，报表中定义的动态点必须在相应系统库中定义过。另一方面，它又与控制方案生成系统有关，定时打印报表需要用功能块来驱动。

报表生成过程就是用户进入报表生成系统，编辑、组态报表，再进行编译生成报表文件的过程。点击命令[开始/程序/MACS/MACSV_ENG/报表组态]，出现"选择数据库"对话框，鼠标左键双击选择要组态的工程，进入报表组态界面如图3-0-13所示。

（5）图形组态

图形组态系统给用户提供了多种图形静态操作工具，包括图形的生成、填充、组合、分解、旋转、拉伸、剪切、复制和粘贴等，可以灵活地对图形进行变换和加工。

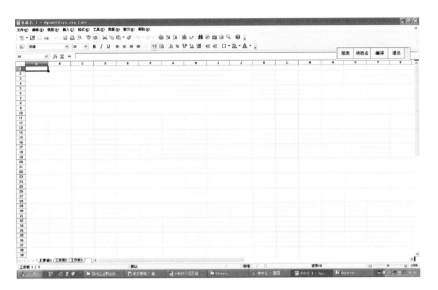

图 3-0-13　报表组态界面

图形的另一组成部分是设置动态特性，图形组态系统提供了多种动态特性，如：变色特性、文字、闪烁、显示/隐藏、平移、填充、缩放、旋转、曲线、X-Y图等。点击命令[开始/程序/MACS/MACSV_ENG/图形组态]，选择相应工程，进入图形组态界面如图3-0-14所示。

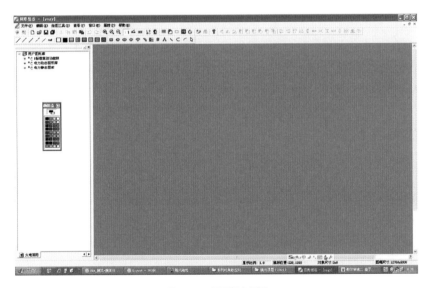

图 3-0-14　图形组态界面

4. 组态软件安装

MACS软件安装运行在Microsoft Windows95、Windows NT 4.0或以上版本的32位操作系统中。在安装盘目录下的MACS V5.2.4文件夹中找到"setup.exe"图标，双击该图标，按照提示设置，安装完成后出现MACS_ENG（工程师站）、MACS_OPS（操作员站）、MACS_SERVER（服务器）。即完成系统软件安装。

资源3.3
录屏-MACS软
件安装步骤

任务1

工程项目分析

【学习目标】

知识点 ▶▶

知识点1：应知工程工艺要求　　　　　知识点2：应知工程控制要求

知识点3：应知工程组态流程

技能点 ▶▶

技能点1：应会分析系统框架　　　　　技能点2：应会分析测点清单

技能点3：应会分析数据对象　　　　　技能点4：应会分析硬件配置

【任务导入】

　　工程项目分析是进行MACS系统组态设计、实施和测试等的基础工作，主要根据用户（客户）对工程的说明，提出的工艺特点和控制要求等工程项目进行整体分析，形成MACS组态任务单。

【任务分析】

　　MACS系统给用户提供的是一个通用的系统组态和运行控制平台，应用系统需要通过工程师站软件组态产生，即把通用系统提供的模块化的功能单元按一定的逻辑组合起来，形成一个能完成特定要求的应用系统。系统组态后将产生应用系统的数据库、控制运算程序、历史数据库、监控流程图以及各类生产管理报表。具体MACS系统组态流程图如图3-1-1所示。

　　本任务主要完成系统框架结构设计、数据清单制作和系统硬件配置等前期工作。

【任务实施】

1.系统框架结构设计

　　根据案例工程的工艺与控制要求，设计典型的MACS DCS结构体系，如图3-1-2所示。

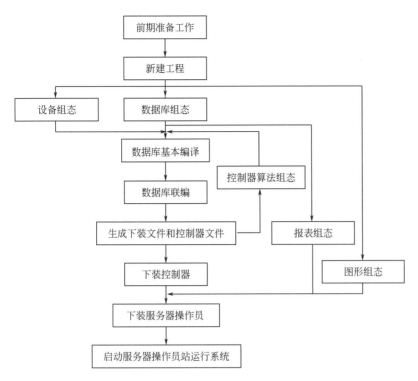

图 3-1-1　MACS 系统组态流程图

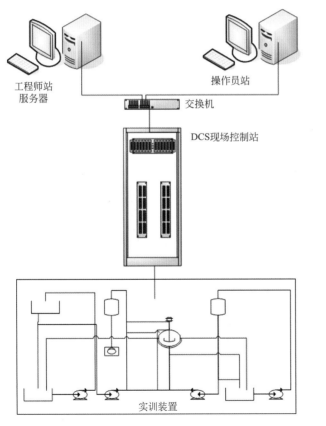

图 3-1-2　案例工程 MACS 系统框架图

2.测点清单制作

根据案例工程的相关要求进行分析，本案例的模拟量输入AI信号有冷水箱液位LT103、#1冷水泵出水流量FT101，模拟量输出AO测点有#1冷水泵出水流量调节阀FV101以及开关量输出DO测点有#1冷水泵启停DO101。因此制作本案例工程的测点清单如表3-1-1所示。

表3-1-1　测点清单

序号	点名	点说明	下限	上限	量纲
1	LT103	冷水箱液位	0	50	cm
2	FT101	#1冷水泵出水流量	0	2	m³/h
3	FV101	#1冷水泵出水流量调节阀	0	100	%
4	DO101	1#冷水泵启停			

3.系统硬件配置

根据测点清单，可知系统硬件卡件需要配置AI模块FM148A共1块、AO模块FM151A共1块、DO模块FM171B共1块，具体硬件设备选型及控制柜内部配置布局如图3-1-3所示。

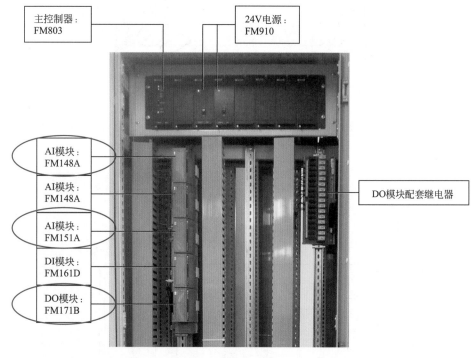

主控制器：
FM803

24V电源：
FM910

AI模块：
FM148A

AI模块：
FM148A

AI模块：
FM151A

DI模块：
FM161D

DO模块：
FM171B

DO模块配套继电器

图3-1-3　控制柜内部配置布局

笔记

任务2

数据库总控组态

【学习目标】

知识点 ▶▶

知识点1：应知数据库总控组态内容

知识点2：应知系统组态内容

知识点3：应知I/O组态内容

技能点 ▶▶

技能点1：应会MACS工程文件创建

技能点2：应会系统设备的配置及组态

技能点3：应会I/O点的配置及组态

【任务导入】

MACS数据库生成系统由三部分组成：数据库总控、数据库组态、控制表组态。首先，在数据库总控中创建新工程，只有创建了工程，才能进行该工程的设备组态、数据库编辑、控制表编辑、控制算法、图形、报表等的组态。在许多大型控制系统中，被控对象按流程特点常常要分成多个相对独立的部分，这些部分既相互独立又相互联系，一方面希望集中操作与管理，同时又希望系统的几个部分相对独立，便于实施和确保实时性与安全性，这就需要将相关的部分分组，而每个分系统又是一个功能完整的DCS系统，以便更好地满足用户的需求。对于大多数的中小型控制系统，只需一个工程即可满足所有的控制和操作管理功能。另一方面就是某个工程的组态完成后，可以对这个工程进行编译、生成下装文件。而数据库组态、控制表组态是由数据库总控调用的。只有从数据库总控画面，才可以进入数据库编辑、控制表编辑画面。

【任务分析】

数据库总控是整个工程开始的窗口，也是整个工程结束的窗口。一个工程的开始，首先由数据库总控创建工程，然后才可以进行其他组态工作，所有组态工作完成后，由总控进行编译，生成下装文件。

一、建立工程

点击命令[开始/程序/MACS/MACSV_ENG/数据库总控]，进入数据库总控组态界面如图3-2-1所示。

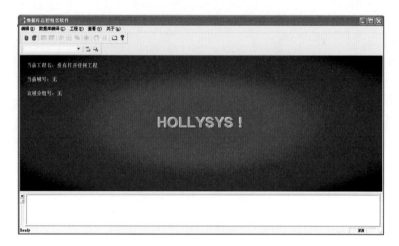

资源3.4
数据库总控-新建工程

图3-2-1 数据库总控组态界面

点击菜单命令[工程/新建工程]或在工具栏中点击命令按钮 ，弹出"添加工程"对话框，输入工程名为：yzgy，如图3-2-2所示，点击"确定"按钮。

点击菜单命令[编辑/域组号组态]，弹出域组号设置对话框如图3-2-3所示。

笔记

图3-2-2 添加工程对话框   图3-2-3 域组号设置对话框

点击"工程列表"下的"yzgy"，选择组号"1"、域号"0"，如图3-2-4所示，点击"确定"按钮完成域组号设置。

点击菜单命令[工程/修改工程描述]，弹出"修改工程描述"对话框，在"工程描述"中录入"水箱液位控制项目"，如图3-2-5所示，点击"OK"退出"修改工程描述"对话框，返回到数据库总控组态界面。

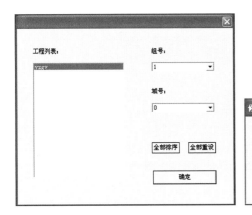

图3-2-4　域组号设置　　　　　　　　　　　图3-2-5　修改工程描述

二、用户管理组态

首先，打开用户管理界面，即点击命令[工程/用户管理]，弹出"用户管理"对话框如图3-2-6所示。

添加用户信息并组态权限。点击"添加用户、用户信息修改"，进行用户添加（用户名：aaaa，用户密码：1234，用户级别：工程师，权限：权限0），在此，可对"修改允许最多用户同时登录数"，进行允许最多用户同时登录数的修改，如图3-2-7所示。

图3-2-6　用户管理对话框　　　　　　　　　图3-2-7　用户管理组态

以上用户组态设置完成后，点击"添加/删除"按钮，退出用户管理，并点击菜单命令[编辑/退出]，退出数据库总控组态界面。

三、设备组态

1. 系统设备组态

进行网络设备、服务器、操作站、工程师站设备组态。

① 点击命令[开始/程序/MACS/MACSV_ENG/设备组态]，弹出工程列表选择对话框，点击"确定"按钮进入相应组态界面，如图3-2-8所示。

资源3.5
数据库总控 - 设
备组态

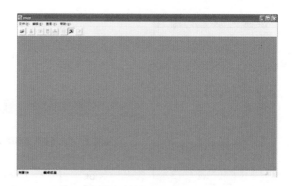

图3-2-8　设备组态界面

②点击菜单命令[编辑/系统设备]，弹出系统设备生成向导对话框进行网段设置，其中，网段A：130；网段B：131，如图3-2-9所示。

③点击"下一步"按钮，进行服务器配置，是双机冗余或单机，可选择单机如图3-2-10所示。

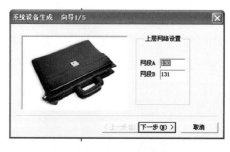

图3-2-9　系统设备生成向导对话框　　　　　　　　　图3-2-10　服务器配置

④点击"下一步"按钮，设置控制站数量和起始地址，缺省从10开始，控制站数量选择1（本案例工程设1个控制站），如图3-2-11所示。

⑤点击"下一步"按钮，设置操作员站数量和起始地址，缺省从50开始，操作员站数量选择2，如图3-2-12所示。

笔记

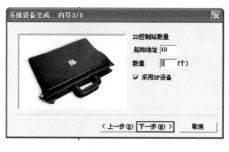

图3-2-11　IO控制站数量及起始地址设置　　　　　　图3-2-12　操作员站数量及起始地址设置

⑥点击"下一步"按钮，生成系统设备信息如图3-2-13所示，点击"开始"按钮，完成系统设备组态，网卡、地址等缺省已经自动生成，不需要设置如图3-2-14所示。

图 3-2-13　系统设备生成信息

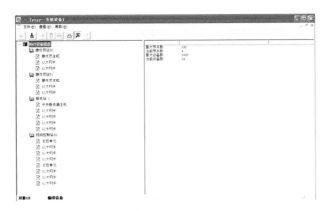

图 3-2-14　系统设备组态完成界面

完成以上系统设备组态，点击编译按钮进行编译，并通过菜单命令[文件/保存]和[文件/退出]，保存系统设备组态并退出系统设备组态界面。

2. I/O设备组态

在系统设备组态的基础上，完成AI模块FM148A、AO模块FM151A、DO模块FM171B各1块的I/O设备组态。

① 点击命令[开始/程序/MACS/MACSV_ENG/设备组态]，弹出工程列表选择对话框，点击"确定"按钮进入相应组态界面，继续点击菜单命令[编辑/IO设备]，进入I/O设备组态，界面如图3-2-15所示。

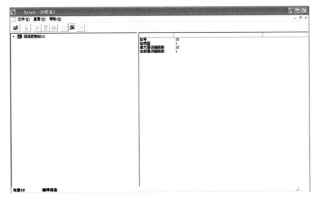

图3-2-15　I/O设备组态界面

② 点击画面中"现场控制站10"前面的 ⊞ 标识，右键点击现场控制站的DP，选择"添加设备"，弹出添加IO板对话框如图3-2-16所示。

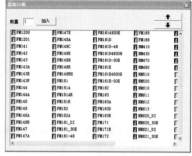

图3-2-16　添加IO设备对话框

素质拓展阅读

数字化时代，数据类型学习的启示

③ 双击选择需要加入1块FM148A、1块FM151A和1块FM171B，如图3-2-17所示。

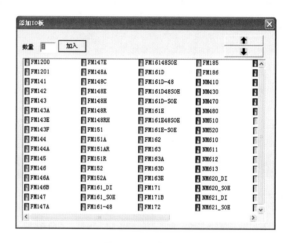

图3-2-17　添加IO板

④ 选择"现场控制站10"，进行编译，编译正确，点击菜单命令[文件/保存]，保存I/O设备组态，点击菜单命令[文件/退出]，退出I/O设备组态界面。

四、数据库组态

1.新建数据库组态用户

① 点击命令[开始/程序/MACS/MACSV_ENG/数据库总控]，进入数据库总控组态界面，选择工程"yzgy"。

② 点击菜单命令[编辑/编辑数据库]，弹出相应对话框，输入用户名"hollymacs"，密码"macs"，如图3-2-18所示，点击"确定"按钮，进入数据库组态编辑窗口。

③ 点击菜单命令[系统/口令维护]，弹出"口令维护"对话框如图3-2-19所示，点击"添加"按钮，弹出用户信息设置对话框，输入用户名"aaaa"，级别选择"工程

师"，口令"1234"如图3-2-20所示。

图3-2-18 用户登录对话框

图3-2-19 口令维护对话框

图3-2-20 用户信息设置对话框

④ 点击"确定"按钮，完成数据库组态用户的添加如图3-2-21所示；点击"更新"按钮，再点击"关闭"按钮，退出口令维护对话框，点击菜单命令[系统/退出]，退出数据库组态编辑窗口。

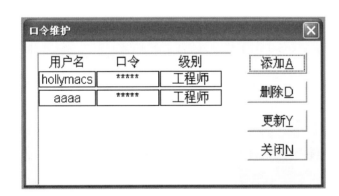

图3-2-21 用户添加完成界面

注：以用户名hollymacs进入数据库编辑系统，才能添加和维护数据库组态用户和口令。

2.数据操作

（1）AI数据库组态

① 对照表3-1-1测点清单提取出AI数据，根据系统I/O设备组态填写相应的"站号"、"设备号"、"通道号"，具体见表3-2-1。

资源3.6
数据库总控-
I/O组态

表3-2-1 AI数据清单

序号	点名	点说明	站号	设备号	通道号	下限	上限	量纲
1	LT103	冷水箱液位	10	1	0	0	50	cm
2	FT101	#1冷水泵出水流量	10	1	1	0	2	m^3/h

② 在数据库总控组态界面，选择工程"yzgy"，点击菜单命令[编辑/编辑数据库]，以用户名"aaaa"和密码"1234"进入数据操作组态编辑窗口；点击菜单命令[系统/数据操作]，弹出"选择数据窗口风格"对话框如图3-2-22所示。

图3-2-22 "选择数据窗口风格"对话框

③ 选择类名：点击选择"AI模拟量输入"，出现如图3-2-23所示界面。

④ 选择项名：依次点击选择"点名（PN）"、"点说明（DS）"、"站号（SN）"、"设备号（DN）"、"通道号（CN）"、"量程下限（MD）"、"量程上限（MU）"、"量纲（UT）"，界面如图3-2-24所示。

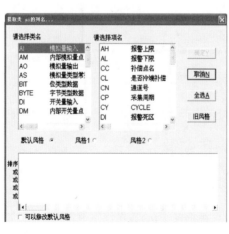

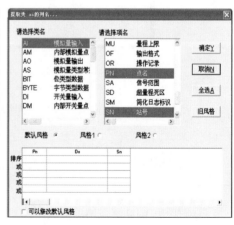

图3-2-23 AI选择界面1

图3-2-24 AI选择界面2

⑤ 同时勾选下方的"可以修改默认风格"，便于下次进入，选择旧风格。点击"确定"按钮，出现"数据录入-AI"界面如图3-2-25。

笔记

图3-2-25 "数据录入—AI"界面1

⑥ 将表格3-2-1数据清单复制到EXCEL中（其中第一行保留空行），在A1单元格填入"1"如图2-3-26所示。

图3-2-26 AI数据整理

注：复制到EXCEL时，数据清单中若有"信号范围"这一列时，要将具体信号范围转换成相应数字，同样，若有"报警属性（颜色）"这一列时，要将具体报警属性转换成相应数字，具体转换见表3-2-2。

表3-2-2 AI点个别属性转换表

信号范围	对应数字	报警属性（颜色）	对应数字
4 ~ 20mA	2	不报警	0
0 ~ 5V	3	红色报警	1
1 ~ 5V	4	黄色报警	2
PT100_RTD	12	白色报警	3
Cu50_RTD	14	绿色报警	4
E_TC	53		
K_TC	55		
0 ~ 10V	64		

⑦ 将EXCEL文件以"文本文件（制表符分隔）（.txt）"方式保存，如图3-2-27所示，文件名为"AI数据"。

图3-2-27 以"文本文件（制表符分隔）（.txt）"方式保存数据

⑧ 在图3-2-25所示"数据录入-AI"界面，点击菜单命令[系统/数据导入]或者 （数据导入）工具按钮，选择"AI数据.txt"文件，出现如图3-2-28所示界面。

图3-2-28 "数据录入-AI"界面2

⑨ 点击"确定"按钮，出现如图3-2-29所示画面，完成AI数据录入。

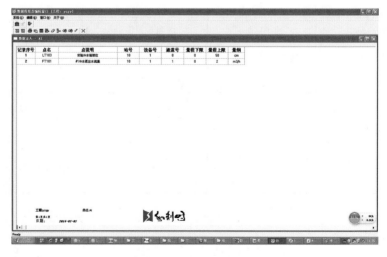

图3-2-29 AI数据录入完成画面

⑩ 点击 （更新数据库）工具按钮，出现校验结果对话框如图3-2-30所示，点击"确定"按钮，完成AI数据录入。点击 ✕（关闭）工具按钮，退出AI数据录入界面。

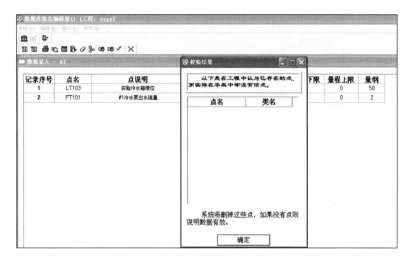

图3-2-30　校验结果对话框

（2）AO数据库组态

① 对照表3-1-1测点清单提取出AO数据，根据系统I/O设备组态填写相应的"站号"、"设备号"、"通道号"，具体见表3-2-3。

表3-2-3　AO数据清单

序号	点名	点说明	站号	设备号	通道号	下限	上限	量纲
1	FV101	#1冷水泵出水流量调节指令	10	2	0	0	100	%

② 在数据库组态编辑窗口界面，点击菜单命令[系统/数据操作]，弹出"选择数据窗口风格"对话框，点击选择"AO模拟量输入"，出现如图3-2-31所示界面。

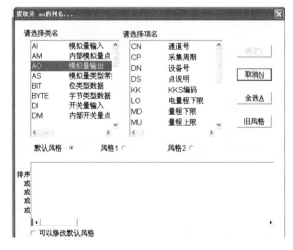

图3-2-31　AO选择界面1

③ 选择项名：依次点击选择"点名（PN）"、"点说明（DS）"、"站号（SN）"、"设备号（DN）"、"通道号（CN）"、"量程下限（MD）"、"量程上限（MU）"、"量纲（UT）"，出现如图3-2-32所示界面。

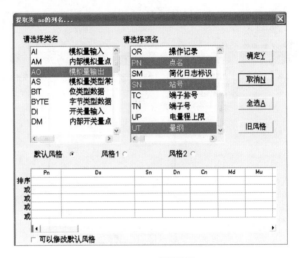

图3-2-32　AO选择界面2

④ 同时勾选下方的"可以修改默认风格"，便于下次进入，选择旧风格。点击"确定"按钮，出现"数据录入-AO"界面如图3-2-33所示。

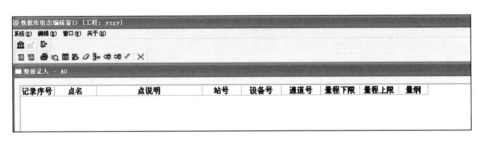

图3-2-33　"数据录入—AO"界面1

⑤ 将表格3-2-3数据清单复制到EXCEL中（其中第一行保留空行），在A1单元格填入"1"如图3-2-34所示。

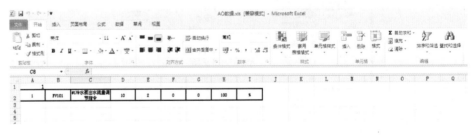

图3-2-34　AO数据整理

⑥ 将EXCEL文件以"文本文件（制表符分隔）（.txt）"方式保存如图3-2-35所示，文件名为"AO数据"。

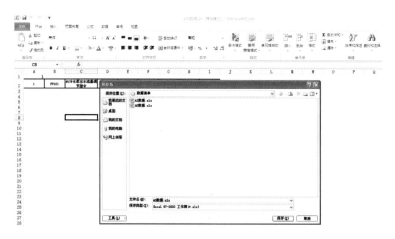

图 3-2-35　以"文本文件（制表符分隔）（.txt）"方式保存数据

⑦ 在图 3-2-33 所示"数据录入-AO"界面，点击菜单命令 [系统/数据导入] 或者 （数据导入）工具按钮，选择"AO 数据 .txt"文件，出现如图 3-2-36 所示界面。

图 3-2-36　"数据录入-AO"界面 2

⑧ 点击"确定"按钮，出现如图 3-2-37 所示画面，完成 AO 数据录入。

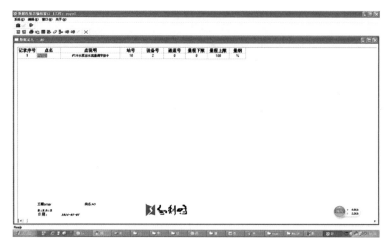

图 3-2-37　AO 数据录入完成画面

⑨ 点击 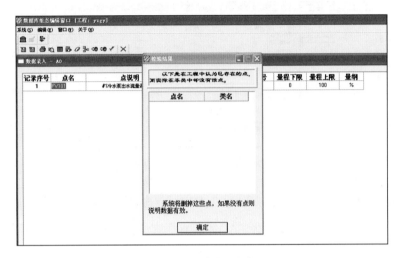（更新数据库）工具按钮，出现校验结果对话框如图3-2-38所示，点击"确定"按钮，完成AO数据录入。点击 ✕（关闭）工具按钮，退出AO数据录入界面。

图3-2-38　校验结果对话框

（3）DO数据库组态

① 对照表3-1-1测点清单提取出DO数据，根据系统I/O设备组态填写相应的"站号"、"设备号"、"通道号"，具体见表3-2-4。

表3-2-4　DO数据清单

序号	点名	点说明	站号	设备号	通道号
1	DO101	1#冷水泵启停	10	3	0

② 在数据库组态编辑窗口界面，点击菜单命令[系统/数据操作]，弹出"选择数据窗口风格"对话框，点击选择"DO开关量输出"，出现如图3-2-39所示界面。

③ 选择项名：依次点击选择"点名（PN）"、"点说明（DS）"、"站号（SN）"、"设备号（DN）"、"通道号（CN）"，出现如图3-2-40所示界面。

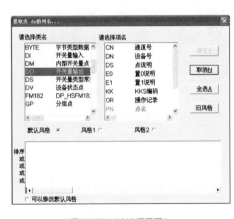

图3-2-39　DO选择界面1

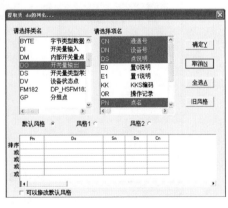

图3-2-40　DO选择界面2

④ 同时勾选下方的"可以修改默认风格",便于下次进入,选择旧风格。点击"确定"按钮,出现"数据录入-DO"界面如图3-2-41所示。

笔记

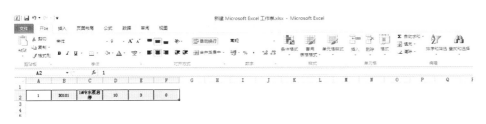

图3-2-41 "数据录入—DO"界面1

⑤ 将表格3-2-4数据清单复制到EXCEL中(其中第一行保留空行),在A1单元格填入"1"如图3-2-42所示。

图3-2-42 DO数据整理

⑥ 将EXCEL文件以"文本文件(制表符分隔)(.txt)"方式保存,如图3-2-43所示,文件名为"DO数据"。

图3-2-43 以"文本文件(制表符分隔)(.txt)"方式保存数据

⑦ 在图3-2-43所示"数据录入-DO"界面,点击菜单命令[系统/数据导入]或者 ▦(数据导入)工具按钮,选择"DO数据.txt"文件,出现如图3-2-44所示界面。

图3-2-44 "数据录入—DO"界面2

⑧ 点击"确定"按钮，出现如图3-2-45所示画面，完成DO数据录入。

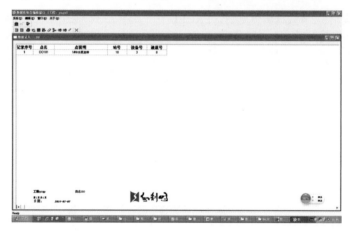

图3-2-45 DO数据录入完成画面

⑨ 点击 （更新数据库）工具按钮，出现校验结果对话框如图3-2-46所示，点击"确定"按钮，完成DO数据录入。点击 ✕ （关闭）工具按钮，退出DO数据录入界面。

✏ 笔 记

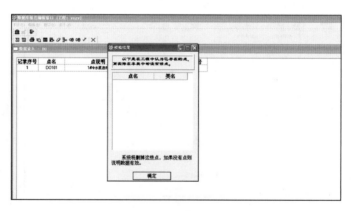

图3-2-46 校验结果对话框

3.数据库总控编译

① 数据录入完成后，点击菜单命令[系统/退出]，退出数据库组态编辑窗口。

② 在数据库总控组态软件界面，点击菜单命令 [数据库编译/完全编译] 或 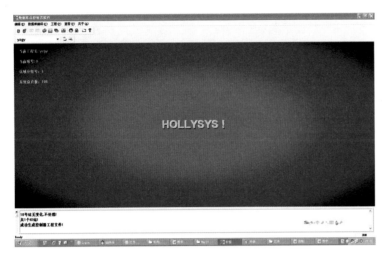（基本编译）工具按钮，完成数据库总控编译，生成控制器工程文件如图 3-2-47 所示。

图 3-2-47　数据库总控编译画面

③ 点击菜单命令 [系统/退出]，退出数据库总控组态软件。

任务3

控制器算法组态

【学习目标】

知识点 ▶▶

知识点1 : 应知 MACS 控制器算法编辑构件功能

知识点2 : 应知 MACS 控制器算法工具条使用基本元素

知识点3 : 应知 MACS 控制器算法基本算法使用构件

技能点 ▶▶

技能点1 : 应会 MACS 控制器算法工程文件创建

技能点2 : 应会 MACS 控制器算法变量定义

技能点3 : 应会 MACS 控制器算法工程文件编译修正

技能点4 : 应会 MACS 控制器算法工程文件仿真调试

　　　　生成控制器算法工程的目的是生成控制器实际要进行运算的算法工程，在数据库控制算法工程编译和数据库基本编译成功之后可以进行数据库联编，生成控制器算法工程。

　　　　控制器算法软件是针对底层控制器的软件，作为控制方案的开发平台，包括控制方案编辑器和仿真调试器两部分。通过控制器算法组态，完成用户控制方案的组态（用不同的算法语言编写用户控制方案），进行仿真调试，调试正确后登录控制器，把程序下装到主控单元，运行并在线调试程序。

【任务分析】

　　　　基于控制器算法组态界面，生成控制器算法工程组态的主要内容如下。

　　　　① 创建POU。

　　　　② 编辑POU。

　　　　③ 触发POU。

【任务实施】

资源 3.7
数据库总控-控
制器算法组态

一、打开控制器算法组态界面

　　　　点击命令[开始/程序/MACS/MACSV_ENG/控制器算法组态]，出现"选择工程"对话框，选择工程"yzgy"，如图3-3-1所示。

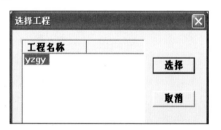

图3-3-1　"选择工程"对话框

✎ 笔 记

　　　　点击"选择"按钮，弹出"FCSEditor"，即10号控制站，对话框如图3-3-2所示。点击选择"10站"，点击"确定"按钮，弹出"再编译"提示对话框如图3-3-3所示。

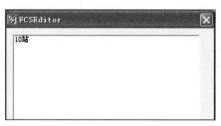

图3-3-2　"FCSEditor"对话框

图3-3-3　再编译提示对话框

点击"确定"按钮，进入控制器算法组态界面如图3-3-4所示。

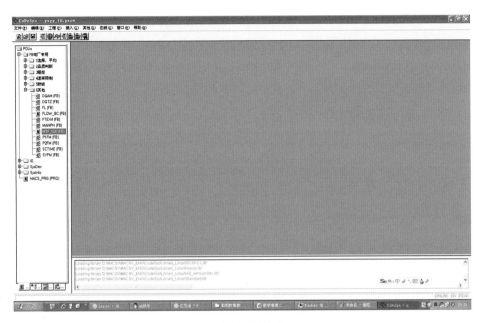

图3-3-4　控制器算法组态界面

点击菜单命令[工程/全部再编译]，进行全部再编译。编译结束后，点击对象组织器"POUs"窗口中[SysInfo/MACS_PRG[PRG]]，弹出"MACS_PRG（PRG-ST）"主程序界面如图3-3-5所示。

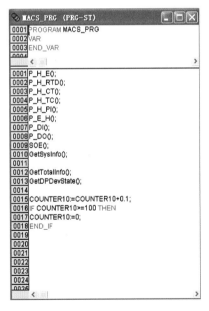

图3-3-5　MACS_PRG（PRG-ST）主程序界面

删除图3-3-5所示界面中的"SOE();"，点击菜单命令[文件/保存]，进行文件保存；点击菜单命令[工程/编译]，完成文件编译。

二、创建POU

① 右击图3-3-4中对象组织器"POUs"窗口的[POUs]，选择"新文件夹"，在对象组织器"POUs"窗口中IO根目录下自动生成"New Folder"新文件夹。

② 右击"New Folder"，选择"重命名"，弹出"重命名对象"对话框，输入新对象名"PID控制"。

③ 右击"New Folder"，选择"添加"，弹出"创建POU"对话框，如图3-3-6所示。

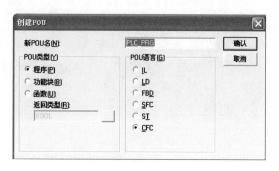

图3-3-6　创建POU对话框

④ 输入新POU名"PLC_PRG"，选择POU语言"CFC"，点击"确定"按钮，进入POU编辑界面。

三、编辑POU

① 点击菜单命令[插入/块]或者单击工具栏按钮"▣"（块），在POU编辑界面添加功能块（默认为AND模块）。

② 点击"AND"，将"AND"修改为"HSPID"，此时出现"PID"功能模块，并将功能块上方的"???"修改为"LIC101"，此时弹出"变量声明"对话框如图3-3-7所示。勾选"掉电保护"项，点击确认按钮。

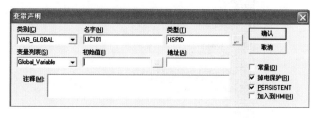

图3-3-7　变量声明对话框

③ 点击菜单命令[插入/导入]或者单击工具栏按钮"▭"（导入），将"导入"放置合适位置，单击"导入"中的"???"，将"???"修改为"LT103"，同时将"导入"端口与"HSPID"中PV端口连接起来。

④ 点击菜单命令[插入/导出]或者单击工具栏按钮"▭"（导出），将"导出"放置合适位置，单击"导出"中的"???"，将"???"修改为"FV101"，同时将"导入"

端口与"HSPID"中AV端口连接起来，如图3-3-8所示。

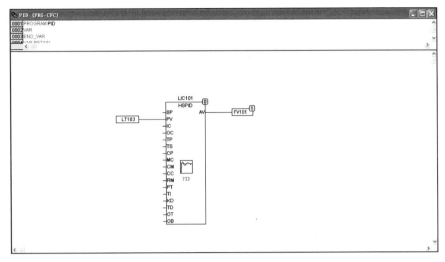

图3-3-8　POU编辑画面

⑤ 在"PID（PRG—CFC）"子程序操作区内进行PID调节的相关变量声明："HSPID:= (PT:=100, TI:=100, SV:=100, KD:=10, TD:=0, DI:=0, OT:=100, OB:=0, OU:=1, DL:=20, MU:=100, MD:=0, PK:=0, OM:=0, AD:=1,TM:=FALSE, RM:=1, ME:=TRUE, AE:=TRUE, CE:=FALSE, TE:=TRUE,FE:=FALSE, AV:= 0, PU:=3300, PD:=0, MC:=0,CP:=0.5);"，完成PID功能块变量参数初始化。

四、触发POU

点击对象组织器"POUs"窗口中[SysInfo/MACS_PRG[PRG]]，弹出"MACS_PRG（PRG-ST）"主程序界面，在合适位置添加"PID"子程序如图3-3-9所示。点击菜单命令[文件/保存]，进行文件保存。

图3-3-9　添加"PID"子程序

完成控制器算法工程组态后，对算法进行仿真测试。点击菜单命令[工程/编译]，完成文件编译，生成可执行文件。

① 点击菜单命令[在线/仿真模式]、[在线/登录]、[工程/编译]，完成文件编译，且编译正确。

② 双击"LT103"，弹出"用字符串写变量"对话框，在"新变量"处填入"-0.5"如图3-3-10所示，点击"确认"按钮。

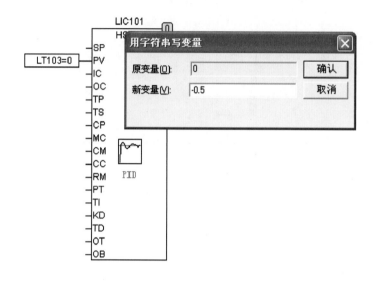

图3-3-10 "用字符串写变量"对话框

③ 点击菜单命令[在线/强制值]，点击菜单命令[在线/运行]，可以在线调试和整定PID参数，具体运行状态如图3-3-11所示。

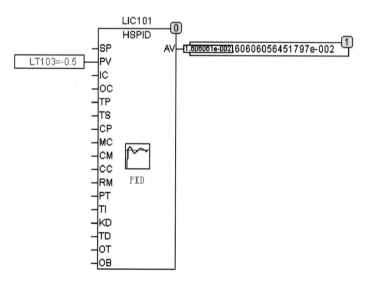

图3-3-11 系统运行状态图

任务4

报表组态

【学习目标】

知识点 ▶▶

知识点1：应知数据报表类型和实现方法

知识点2：应知报表离线组态内容

知识点3：应知报表在线组态内容

技能点 ▶▶

技能点1：应会报表离线组态

技能点2：应会报表在线组态

【任务导入】

在MACS系统中报表生成软件和EXCEL报表工具共同为用户提供了强大的报表组态系统。组态分为离线组态和在线组态两个部分。报表在线组态主要是定义报表触发打印的时间。报表离线组态完成后必须经过工程师在线下装软件下装到操作员站后才能进行在线组态。

【任务分析】

1.报表离线组态

报表离线组态分为静态编辑、动态点编辑、编译三个部分。

① 静态编辑：利用EXCEL报表工具绘制报表静态部分内容。

② 动态点编辑：和数据库中的点创建关联，从系统历史库中读取不同时刻的数据。动态点分为历史点、实时点和时间点。其中，历史点是指打印触发时刻以前的数据库点的值。实时点是指打印触发时刻数据库点的值。时间点即打印时间。

③ 编译：使用此命令可将编辑完的报表生成可在线打印的报表文件，同时可以对报表中动态点描述的正确性、点名或项名的数据有效性进行检查。

完成报表离线组态后，将其下装到操作员站。

主要完成液位点LT103在规定时间的数据采集与记录。

2. 报表在线组态

主要完成液位点LT103的液位报表在规定时间的自动打印。

【任务实施】

任务要求：每天8:30自动打印3:00至8:00的每小时液位点LT103的值，记录于表3-4-1中。

表3-4-1　水箱液位报表

时间	水箱液位
平均	

打印时间

组长

值班长

一、报表离线组态

1. 报表静态编辑

① 点击命令[开始/程序/MACS/MACSV_ENG/报表组态]，出现"请选择数据库"对话框如图3-4-1所示。

图3-4-1　"请选择数据库"对话框

② 鼠标左键双击选择要组态的工程"yzgy"，进入报表组态界面如图3-4-2所示。

图3-4-2　报表组态界面

③ 点击菜单命令[文件/另存为]，将报表文件（未命名1-OpenOffice.org）保存到"yzgy"工程路径下的"report"文件夹下，并命名为"液位报表"。

④ 在工作表中，按照任务要求添加报表表头等相关内容如图3-4-3所示。

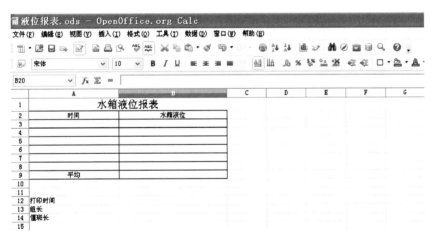

图3-4-3　报表静态画面

2. 报表动态点编辑

① 选择单元格A3，点击报表组态界面中的"动态点"按钮，选择"时间点"，进行"前推时间"、"间隔时间"、"显示格式"、"点数"等设置，如图3-4-4所示。点击"写入"按钮，完成第一个时间点的设置。

② 选择单元格B3，点击报表组态界面中的"动态点"按钮，选择"历史点"，进行"点名"、"点数"、"显示格式"、"前推时间"、"间隔时间"等设置，如图3-4-5所

示。点击"写入"按钮，完成第一个历史点的设置。

图3-4-4 时间点设置

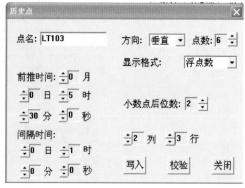

图3-4-5 历史点设置

③ 依此类推，分别完成A4-A8的时间点设置和B4-B8的历史点设置。

④ 选择单元格B12，点击报表组态界面中的"动态点"按钮，选择"时间点"，点击"写入"按钮，完成打印时间点设置，如图3-4-6所示。

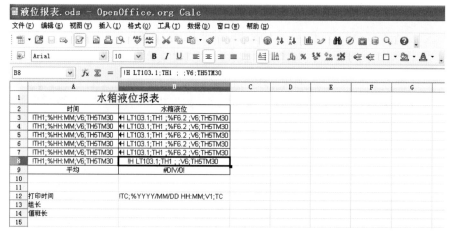

图3-4-6 报表组态画面

⑤ 点击报表组态界面中的"编译"按钮，接着点击报表组态界面中的"退出"按钮，完成报表离线组态。

3.下装到操作员站

要完成报表的在线组态，需要将离线组态中完成的报表文件经过工程师在线下装到操作员站。

① 点击命令[开始/程序/MACS/MACSV_ENG/数据库总控]，选择"yzgy"工程，再次进行完全编译，将算法全局变量中定义的中间量、PID、手操器等引进数据库。

② 编译完成后，点击命令[开始/程序/MACS/MACSV_ENG/工程师站下装]，弹出"选择工程"对话框，选择"yzgy"，点击"OK"按钮。

③ 弹出"用户登录"对话框，输入用户名"hollymacs"，密码"macs"，点击

"确定"按钮，弹出"工程师站管理"界面如图3-4-7所示。

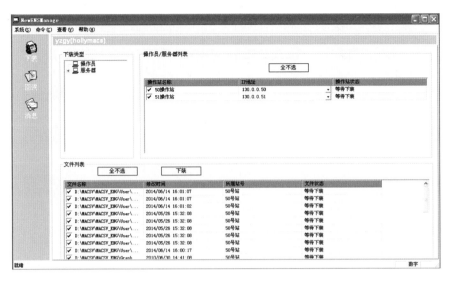

图 3-4-7 "工程师站管理"界面

④ 分别选择"服务器"、"操作员站"进行下装。下装结束后，关闭工程师在线下装软件。

二、报表在线组态

① 点击命令[开始/程序/MACS/MACSV_OPS/启动操作员站]，弹出"选择工程"对话框，选择"yzgy"，点击"OK"按钮，进入报表在线组态界面。

② 点击工具栏按钮，选择"打印设置"，弹出"打印设置"对话框如图3-4-8所示，选中"报表自动打印"，然后点击"确认"按钮。

③ 点击工具栏按钮，选择"报表打印组态"，弹出"报表打印组态"对话框如图3-4-9所示。

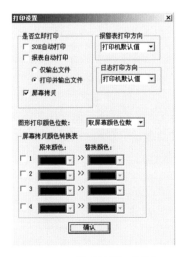

图 3-4-8 "打印设置"对话框

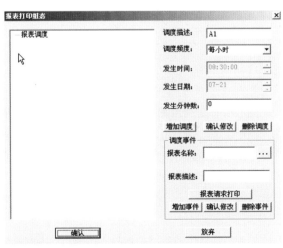

图 3-4-9 "报表打印组态"对话框

④ 在"调度描述"对话框中输入"A1","调度频率"选择"每小时","发生时间"调整为"8:30:00",点击"增加调度"按钮。

⑤ 点击左边窗口的报表调度中所加入的调度,点击"报表名称:"对话框右边的…按钮,选择添加操作员站在线安装路径下的start目录下的报表文件,点击"增加事件"按钮。

⑥ 点击"确认"按钮,至此完成报表在线组态,系统时钟到了设定的8:30会自动打印报表。

任务5

图形组态

【学习目标】

知识点 ▶▶

知识点1:应知静态图形功能与组态方法

知识点2:应知动态图形特点及组态方法

技能点 ▶▶

技能点1:应会静态图形组态操作　　技能点2:应会图形动态特性组态

技能点3:应会图形交互特性组态　　技能点4:应会模拟仿真测试操作

【任务导入】

图形组态是利用图形组态软件生成应用系统所需的各种总貌图、流程图和工况图。图形组态软件为用户提供了方便的绘图工具和多种动态显示方式。通过图形,操作员可以对现场运行情况一目了然,从而方便地监控现场运行。

【任务分析】

工业控制系统流程图包括静态图形和动态图形两部分。其中,静态图形表示流程画面中的静态信息,它们与数据库信息没有任何联系。图形组态系统给用户提供了多种图形静态操作工具，包括图形的生成、填充、组合、分解、旋转、拉伸、剪切、复制和粘贴等，可以灵活地对图形进行变换和加工。动态图形分两种：一种是一类随相关数据库点实时值的变化而变化的图形单元，由设置的动态特性决定，图形组态系统提供了多种动态特性，如变色特性、文字、闪烁、显示/隐藏、平移、填充、缩放、旋转、曲线、X -Y图；另一种是一类由用户点击可以弹出界面的图形，由设置的交互特性决定，交互特性为用户提供了推出窗口、切换底图、增减值和在线修改数据库点值等功能，用户只需按下热点按钮便可实现这些功能。

【任务实施】

一、设备组态生成图形的转换

① 点击命令[开始/程序/MACS/MACSV_ENG/图形组态]，弹出"工程信息"对话框，点击选择"ygzy"，进入图形组态编辑界面如图3-5-1所示。

资源 3.8
图形组态 -I/0
模板

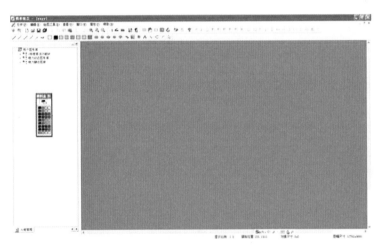

图3-5-1 图形组态界面

② 点击菜单命令[文件/引入（文件）/设备组态]，进入向导设置第1步：系统状态图模块，如图3-5-2所示，选择"devmodel.hsg"。点击"下一步"按钮，进入向导设置第2步：选择IO模版文件，如图3-5-3所示。

笔记

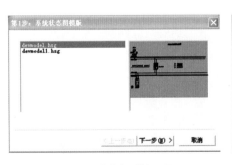

图3-5-2 系统状态图模版设置

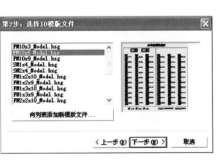

图3-5-3 选择IO模版文件

③ 选择"FM10x6_Model.hsg",点击"下一步"按钮,进入向导设置第3步:各IO站模版文件列表,如图3-5-4所示。

④ 选择"10 FM10x6_Model.hsg",点击"下一步"按钮,进入向导设置第4步:指定域号,如图3-5-5所示。

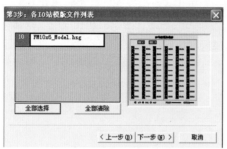

图3-5-4 各IO站模版文件列表 　　　　　　　　　　图3-5-5 指定域号设置

⑤ 选择工程域号"0",点击"下一步"按钮,进入向导设置第5步:开始执行命令…,如图3-5-6所示。

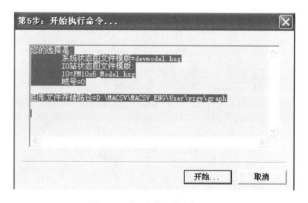

图3-5-6 "开始执行命令"设置

⑥ 确认所有选项后,点击"开始"按钮,系统自动生成系统设备状态图sysdevice.hsg和iodevice10.hsg等图形。

二、静态图形编辑

① 点击菜单命令[文件/新建文件],再次进入图形组态编辑界面。点击菜单命令[属性/设置背景/纯色背景],出现"颜色"设置对话框,将图形编辑画面背景色调整为"黑色"。

② 在图像编辑区上方中间位置添加图形标题"水箱液位控制系统"。

③ 点击选择"系统图形库"窗口中相应图形对象,将其拖入图形编辑区中合适位置,调整其大小,并添加相对应图形对象名称,并用管线将各图形对象连接起来。

④ 点击菜单命令[文件/另存文件为…],将图形组态文件保存在工程路径graph目录中,取名为"单容水箱液位PID控制",系统流程图如图3-5-7所示。

资源3.9
图形组态-静态
画面

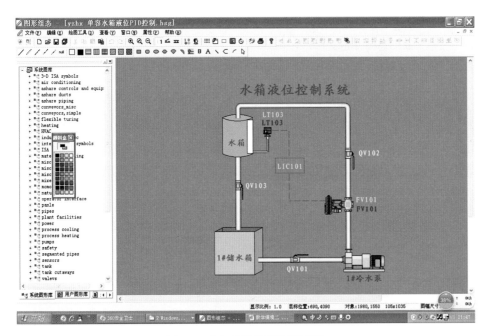

图3-5-7　单容水箱液位PID控制流程图

三、动态图形编辑

1.测点画面组态

① 在"用户图形库"窗口中，按住鼠标左键选择"标准算法块符号/模拟量测点+UT"，并拖入流程图中。

② 单击鼠标右键，选择"动态特性快捷定义"命令，弹出"快捷方式—点名替换"对话框，如图3-5-8所示。

资源3.10
图形组态-动态
画面

图3-5-8　"快捷方式—点名替换"对话框

③ 在 -> 后的单元格内填入替代点名"LT103"，然后单击"保存"按钮保存设置并关闭此对话框。

④ 同样，完成"FV101"点名替换。

2.水箱液位动态特性组态

① 选择流程图中"水箱动态显示条"，鼠标右击选择"动态特性"，弹出"动态特性定义"对话框。

② 选择"填充"项，勾选"有填充特性"，输入点名"LT103"、项名"AV"、域

号"0"，选择"下向上"填充方向以及"蓝色"填充颜色如图3-5-9所示，单击"确定"按钮完成动态特性定义。

3.PID画面组态

① 单击流程图中[LIC101]，鼠标右击选择"交互特性"，弹出"交互特性定义"对话框。

② 选择"推出窗口"项，勾选"有推出窗口特性"，在"窗口类型"项选择"PID窗口"，输入PID点名"LIC101"以及域号"0"如图3-5-10所示，点击"确定"按钮，完成交互特性定义。

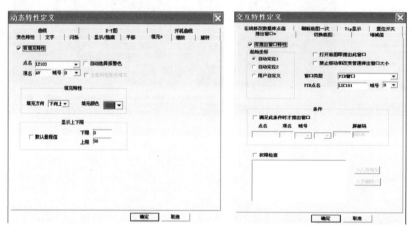

图3-5-9　动态特性定义　　　　　　图3-5-10　交互特性定义

至此，点击菜单命令[文件/保存文件]，完成系统图形组态。

四、模拟仿真测试

① 单击工具栏按钮"⚙"（模拟显示），系统进入模拟显示画面，如图3-5-11所示。

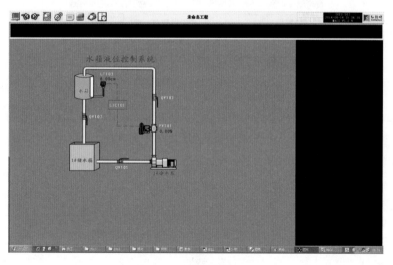

图3-5-11　系统模拟显示画面

笔记

② 将鼠标移至屏幕左下角，系统自动弹出图形组态离线模拟输入对话框，如图3-5-12所示。

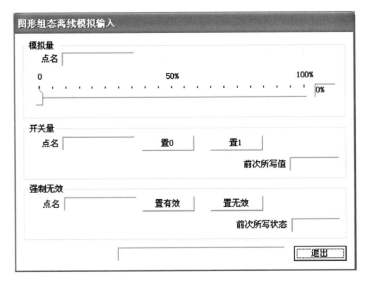

图3-5-12　离线模拟输入对话框

③ 在模拟量点名对话框中输入"LT103"，拖动滑块改变LT103点值（50%），图形文件中水箱液位及LT103的值也将发生相应变化，如图3-5-13所示。

④ 在模拟量点名对话框中输入"FV101"，拖动滑块改变FV101点值（25%），图形文件中FV101的值也将发生相应变化，如图3-5-14所示。

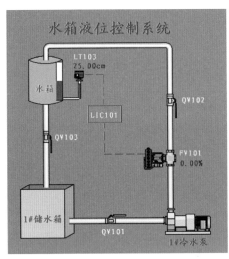

图3-5-13　系统离线模拟显示画面1

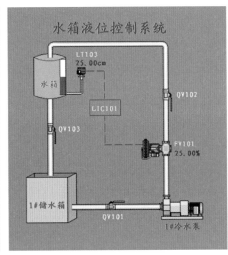

图3-5-14　系统离线模拟显示画面2

任务6

系统下装与运行调试

【学习目标】

知识点 ▶▶

知识点1：应知MACS系统下装步骤

知识点2：应知MACS系统调试方法

技能点 ▶▶

技能点1：应会MACS系统下装操作

技能点2：应会MACS系统调试操作

【任务导入】

下装是整个工程组态的最后一个步骤，在进行下装前先要进行基本编译和联编，然后将编译好的工程生成下装文件后进行下装。编译、生成下装文件的操作步骤是：打开数据库组态工具-打开工程-基本编译-联编-生成下装文件-关闭数据库组态工具。

【任务分析】

下装包含下装控制器、下装数据站和下装操作员站。其中下装控制器是在控制器算法组态软件中完成的，下装数据站和操作员站是在工程师在线下装软件中完成的，下面简要介绍工程师在线下装软件。

工程师在线下装软件是用来将组态好的程序下装到数据站和操作员站的软件。工程师在线下装软件的操作步骤是：打开工程师在线下装软件-下装数据站-下装操作员站-关闭工程师在线下装软件。

【任务实施】

一、编译下装

① 点击命令[开始/程序/MACS/MACSV_ENG/数据库总控]，选择"yzgy"工程，

再次进行完全编译，将算法全局变量中定义的中间量、PID、手操器等引进数据库。

② 编译完成后，点击命令[开始/程序/MACS/MACSV_ENG/工程师站下装]，弹出"选择工程"对话框，选择"yzgy"，点击"OK"按钮。

③ 弹出"用户登录"对话框，输入用户名"hollymacs"，密码"macs"，点击"确定"按钮，弹出"工程师站管理"界面，如图3-6-1所示。

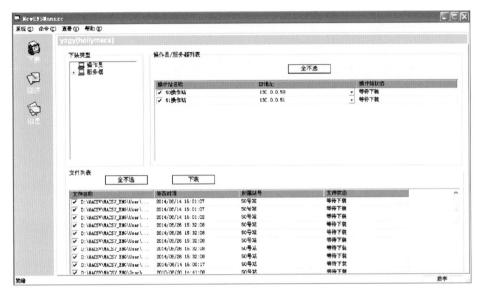
图3-6-1 "工程师站管理"界面

④ 分别选择"服务器"、"操作员站"进行下装。

⑤ 下装结束后，关闭工程师在线下装软件。

二、运行调试

① 下装完成后，操作员站中运行在线软件，登录"aaaa"。

② 手动操作控制水位。打开进出水手动阀，打开供水泵，改变给水调节阀开度，观察流量特性、水位特性，如图3-6-2所示。

③ 自动运行，控制水位、流量、压力、温度等，并整定PID参数，投入自动运行。

④ 设置报警、趋势，对运行结果进行分析。

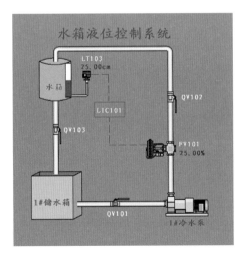

图3-6-2 运行调试图

任务7

MACS拓展项目

【小试牛刀】

某液相进料-气相出料系统组态设计工艺过程如图3-7-1所示。

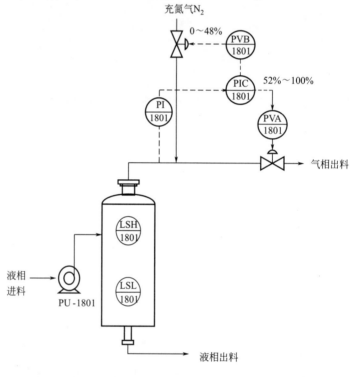

图3-7-1　工艺流程图

一、工艺特点及相关要求

1.操作画面部分

背景用灰色，设备线：黄色；工艺管线：蓝色；仪表线：八色虚线；字体、数值、边框均用白色实线。流程图上无法输入汉字的用拼音或英文注释。

在流程图上显示PI1801的测试值及工程单位；PVA1801、PVB1801的输出值及工程单位，以及PIC1801的操作模式（"手动"、"自动"或对应中文或英文缩写描述）。

当PIC1801输出RUN信号时，泵体变为绿色；输出STOP信号时，泵体变为红色。

2.逻辑控制部分

当液体触点LSH1801为OFF并保持10s后，泵PU1801停止（STOP）；当液位触点LSL1801为OFF并保持10s后，泵PU1801启动（RUN）；当液位在触点LSH1801和LSL1801之间时（即：LSH1801为ON，且LSL1801为ON），泵PU1801保持原状态；当触点LSH1801和LSL1801在故障状态时（即：LSH1801为OFF，且LSL1801为OFF），立即使泵PU1801停止（STOP）。

二、I/O测点清单

根据工艺流程图及工艺控制要求，可提供如表3-7-1所示的I/O测点清单。

表3-7-1　I/O测点清单

序号	变量名	类型	状态描述	操作画面描述	变量描述
1	LSH1801	DI	ON/OFF=逻辑1/逻辑0	绿/红	液位上限触点开关
2	LSL1801	DI	ON/OFF=逻辑1/逻辑0	绿/红	液位下限触点开关
3	PU1801	DO	RUN/STOP=逻辑1/逻辑0	绿/红	运行泵
4	PI1801	AI	4～20mA		压力测量信号
5	PVA1801	AO	4～20mA		排气阀
6	PVB1801	AO	4～20mA		充氮阀

三、中间变量

根据逻辑控制要求，设计如表3-7-2所示的中间变量。

表3-7-2　中间变量

序号	变量名	类型	变量描述
1	LSH1801D	延时	液位上限触点延时器
2	LSL1801D	延时	液位下限触点延时器

四、设计要求

① 采用MACS组态软件建立液相-气相出料系统工程文件并保存。

② 图形界面丰富，控制功能灵活。

③ 组态内容正确。

④ 仿真结果正确。

【融会贯通】

某加热炉系统组态设计工艺过程如图3-7-2所示。

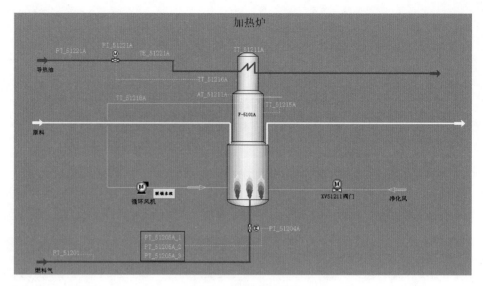

图3-7-2　加热炉流程图

一、系统配置要求

① 设置一台现场控制站，用作系统组态。

② 设置两台操作员站并兼做历史站，用作数据操作及通讯。

③ 根据表3-7-2测点清单配置硬件组态，模块地址可自行设置。

④ 组态工程名为加热炉项目，工程说明"MACS"。

二、系统组态要求

1.测点组态

按照测点清单表3-7-3进行数据库整理，完成测点组态。

表3-7-3　加热炉项目测点清单

序号	点名	汉字说明	站号	设备号	通道号	量程下限	量程上限	数据单位	信号类型
AI（模拟量输入点）									
1	FT_51221A	F-5101A导热油流量				0	71000	kg/h	4～20mA
2	FT_51201	F-5101A燃料气流量				0	170	Nm³/h	4～20mA
3	AT_51211A	F-5101A对流段烟气氧含量				0	25	%VOL	4～20mA
4	PT_51205A_1	F-5101A燃料气压力1				0	0.45	MPa	4～20mA
5	PT_51205A_2	F-5101A燃料气压力2				0	0.45	MPa	4～20mA
6	PT_51205A_3	F-5101A燃料气压力3				0	0.45	MPa	4～20mA
7	TT_51211A	F-5101A辐射段顶部温度				0	1200	℃	4～20mA
8	TT_51215A	F-5101A预热器底部温度				0	1000	℃	4～20mA
9	TT_51216A	F-5101A烟囱锥段温度				0	1000	℃	4～20mA

笔记

序号	点名	汉字说明	站号	设备号	通道号	量程下限	量程上限	数据单位	信号类型
AI（模拟量输入点）									
10	TT_51218A	F-5101A预热器出口温度				0	1000	℃	4～20mA
11	PI_51204A	F-5101A燃料气压力调节阀反馈				0	100	%	4～20mA
12	FI_51221A	F-5101A导热油流量调节反馈				0	100	%	4～20mA
13	TE_51221A	F-5101A导热油入口温度				0	400	℃	4～20mA
14	AI_10_01_06	备用				0	100	%	4～20mA
15	AI_10_01_07	备用				0	100	%	4～20mA
16	AI_10_01_08	备用				0	100	%	4～20mA
AO（模拟量输出点）									
1	FV_51221A	F-5101A导热油流量调节				0	100	%	4～20mA
2	PV_51204A	F-5101A燃料气压力调节阀				0	100	%	4～20mA
3	SV_B5121	循环风机频率给定				0	50	Hz	4～20mA
4	AO_10_03_04	备用				0	100	%	4～20mA
5	AO_10_03_05	备用				0	100	%	4～20mA
6	AO_10_03_06	备用				0	100	%	4～20mA
7	AO_10_03_07	备用				0	100	%	4～20mA
8	AO_10_03_08	备用				0	100	%	4～20mA
DI（开关量输入点）									
1	EL_B5121	B5121运行状态							DI
2	EA_B5121	B5121故障							DI
3	EDY_B5121	B5121远程/就地信号							DI
4	XZSO_51211A	XV51211A开到位							DI
5	XZSC_51211A	XV51211A关到位							DI
6	BS_51202A	F-5101A火检A							DI
7	BS_51202B	F-5101A火检B							DI
8	BS_51202C	F-5101A火检C							DI
9	DI_10_04_09	备用							DI
10	DI_10_04_10	备用							DI
11	DI_10_04_11	备用							DI
12	DI_10_04_12	备用							DI
13	DI_10_04_13	备用							DI

序号	点名	汉字说明	站号	设备号	通道号	量程下限	量程上限	数据单位	信号类型
		DI（开关量输入点）							
14	DI_10_04_14	备用							DI
15	DI_10_04_15	备用							DI
16	DI_10_04_16	备用							DI
		DO（开关量输出点）							
1	EST_B5211	循环风机启动指令							DO
2	ESP_B5211	循环风机停止指令							DO
3	XSOV_51211A	XV51211A阀开指令							DO
4	XSCV_51211A	XV51211A阀关指令							DO
5	DO_10_05_05	备用							DO
6	DO_10_05_06	备用							DO
7	DO_10_05_07	备用							DO
8	DO_10_05_08	备用							DO
9	DO_10_05_09	备用							DO
10	DO_10_05_10	备用							DO
11	DO_10_05_11	备用							DO
12	DO_10_05_12	备用							DO
13	DO_10_05_13	备用							DO
14	DO_10_05_14	备用							DO
15	DO_10_05_15	备用							DO
16	DO_10_05_16	备用							DO

参考变量定义表如下所示：

HSSCS5:=(RT:=40, DE:=2, CM:=TRUE, OS:=TRUE, CS:=TRUE, OU:=FALSE, SC:=TRUE, QR:=FALSE, CO:=FALSE);

HSPID:=(CP:=0.5, MC:=0, PT:=6000, TI:=50, KD:=1, TD:=0, OT:=100, OB:=0, SV:=100, OU:=1, DL:=10, MU:=100, MD:=0, PK:=0, OM:=0, AD:=0, TM:=TRUE, ME:=TRUE, AE:=TRUE, CE:=FALSE, TE:=TRUE, FE:=TRUE, PU:=80, PD:=2, AV:=0, DI:=1, RM:=0);

① 测点清单录入数据库，并完成数据编译，要求编译无误。

② 模拟量信号输入高报值为量程上限的90%，低报值为量程上限的10%，报警级别定义为1级报警，报警颜色：高报红色，低报黄色。

2.控制站算法组态

① 当系统检测F-5101A火检A、F-5101A火检B、F-5101A火检C，3个信号当中

的2个信号以上（包括2个信号），允许EST_B5211泵、XV51211A阀操作。

② 当联锁按钮LS_BH_100投入联锁时，温度TT_51211A与TT_51215A都低于等于20℃时延时10s联锁启动EST_B5211泵与XV51211A阀。

③ 当联锁按钮LS_BH_100投入联锁时，温度TT_51211A与TT_51215A都高于等于800℃时延时10s联锁停止EST_B5211泵与XV51211A阀。

④ PV_51204A阀门反馈到达85%以上同时满足3个火焰信号中的2个信号以上（包括2个信号）运行，允许启动XV51211A阀。

⑤ 其他状态，EST_B51211保持原运行状态。

⑥ PT_51205A_1、PT_51205A_2、PT_51205A_3取3个值的平均后参与PV_51204A燃料器调节阀控制。

⑦ 单回路TT_51216A，参与选择FV_51221A导热油流量调节。

3.流程图画面组态

① 背景用灰色；设备线：绿色、白色；导热油：红色；原料：白色；仪表浅绿色虚线；字体、数值、边框均用白色实线。

② 在流程图上显示如下数据及按钮FT_51221A、FT_51201、AT_51211A、PT_51205A_1、PT_51205A_2、PT_51205A_3、TT_51211A、TT_51215A、TT_51216A、TT_51218A、PI_51204A、FI_51221A、TE_51221A测量值及工程单位，以及所有调节阀和泵、开关阀等控制设备。详细位置见图3-7-3流程图画面。

③ 要求在操作画面上能够调出所有涉及操作要求的仪表面板。

④ 根据配置自动生成系统结构图，用于系统检测和监控使用。

⑤ 流程图图幅设为16760*9260，色调：120、饱和度：240、亮度：60、红：0、绿：128、蓝：128。

4.组态下装调试

① 完成以上全部工作后，设定工程师站与服务器\历史站\操作员站的IP通讯地址。

② 按照下装步骤完成主控器下装、服务器、历史站、操作员站一一下装。

③ 启动操作员完成相应功能测试。

三、设计要求

① 完成数据总控编译通过。

② 对控制算法组态要求编译通过。

③ 完成IP地址配置。

④ 完成服务器下载、操作员画面下载，并启动操作员运行。

【照猫画虎】

某碱洗塔系统组态设计工艺过程如图3-7-3所示。

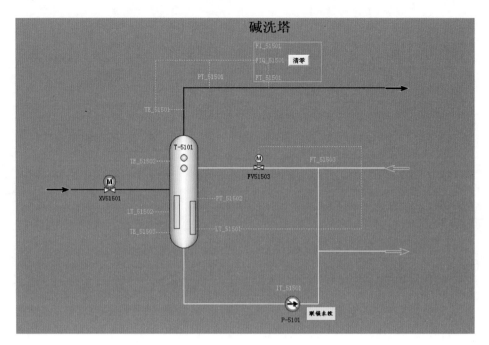

图3-7-3　碱洗塔工艺流程

一、系统配置要求

① 设置一台现场控制站，用作系统组态。

② 设置两台操作员站并兼作历史站，用作数据操作及通讯。

③ 根据表3-7-4测点清单配置硬件组态，模块地址可自行设置。

④ 组态工程名为碱洗塔项目，工程说明"MACS"。

二、系统组态要求

1.测点组态

按照表3-7-4测点清单，进行数据库整理。

笔记

表3-7-4　测点清单

序号	点名	汉字说明	站号	设备号	通道号	量程下限	量程上限	数据单位	信号类型
AI（模拟量输入点）									
1	FT_51501	碱洗塔塔顶气流量				0	18000	kg/h	4～20mA
2	FT_51503	碱洗塔循环碱液流量				0	24000	Nm³/h	4～20mA
3	PT_51501	碱洗塔塔顶压力				0	0.9	MPa	4～20mA
4	PT_51502	碱洗塔塔底压力				0	0.9	MPa	4～20mA
5	LT_51501	碱洗塔塔底液位				0	100	%	4～20mA
6	LT_51502	碱洗塔集液器液位				0	100	%	4～20mA

序号	点名	汉字说明	站号	设备号	通道号	量程下限	量程上限	数据单位	信号类型
AI（模拟量输入点）									
7	IT_51501	P-5101电流指示				0	60	A	4～20mA
8	AI_10_01_08	备用				0	100	%	4～20mA
9	TE_51501	碱洗塔顶部出口温度				0	300	℃	4～20mA
10	TE_51502	碱洗塔中部出口温度				0	300	℃	4～20mA
11	TE_51503	碱洗塔底部出口温度				0	300	℃	4～20mA
12	AI_10_02_04	备用				0	100	%	4～20mA
13	AI_10_02_05	备用				0	100	%	4～20mA
14	AI_10_02_06	备用				0	100	%	4～20mA
15	AI_10_02_07	备用				0	100	%	4～20mA
16	AI_10_02_08	备用				0	100	%	4～20mA
AO（模拟量输出点）									
1	FV_51503	碱洗塔循环碱液流量调节阀				0	100	%	4～20mA
2	AO_10_03_02	备用				0	100	%	4～20mA
3	AO_10_03_03	备用				0	100	%	4～20mA
4	AO_10_03_04	备用				0	100	%	4～20mA
5	AO_10_03_05	备用				0	100	%	4～20mA
6	AO_10_03_06	备用				0	100	%	4～20mA
7	AO_10_03_07	备用				0	100	%	4～20mA
8	AO_10_03_08	备用				0	100	%	4～20mA
DI（开关量输入点）									
1	EL_P5101	P-5101运行状态							DI
2	EA_P5101	P-5101电机故障							DI
3	EY_P5101	P-5101远程/就地信号							DI
4	XZO_51501	进料阀开到位							DI
5	XZC_51501	进料阀关到位							DI
6	LSH_51501	塔底液位高I值							DI
7	LSHH_51501	塔底液位高II值							DI
8	DI_10_04_08	备用							DI
9	DI_10_04_09	备用							DI
10	DI_10_04_10	备用							DI
11	DI_10_04_11	备用							DI
12	DI_10_04_12	备用							DI
13	DI_10_04_13	备用							DI

序号	点名	汉字说明	站号	设备号	通道号	量程下限	量程上限	数据单位	信号类型
DI（开关量输入点）									
14	DI_10_04_14	备用							DI
15	DI_10_04_15	备用							DI
16	DI_10_04_16	备用							DI
DO（开关量输出点）									
1	EST_P5101	P-5101启动指令							DO
2	ESP_P5101	P-5101停止指令							DO
3	XSOV_51501	进料阀开指令							DO
4	XSCV_51501	进料阀关指令							DO
5	DO_10_05_05	备用							DO
6	DO_10_05_06	备用							DO
7	DO_10_05_07	备用							DO
8	DO_10_05_08	备用							DO
9	DO_10_05_09	备用							DO
10	DO_10_05_10	备用							DO
11	DO_10_05_11	备用							DO
12	DO_10_05_12	备用							DO
13	DO_10_05_13	备用							DO
14	DO_10_05_14	备用							DO
15	DO_10_05_15	备用							DO
16	DO_10_05_16	备用							DO

变量定义参考表为：

HSSCS5:=(RT:=40, DE:=2, CM:=TRUE, OS:=TRUE, CS:=TRUE, OU:=FALSE, SC:=TRUE, QR:=FALSE, CO:=FALSE);

HSPID:=(CP:=0.5, MC:=0, PT:=6000, TI:=50, KD:=1, TD:=0, OT:=100, OB:=0, SV:=100, OU:=1, DL:=10, MU:=100, MD:=0, PK:=0, OM:=0, AD:=0, TM:=TRUE, ME:=TRUE, AE:=TRUE, CE:=FALSE, TE:=TRUE, FE:=TRUE, PU:=80, PD:=2, AV:=0, DI:=1, RM:=0);

① 测点清单录入数据库，并完成数据编译，要求编译无误。

② 模拟量信号输入高报值为量程上限的90%，低报值为量程上限的10%，报警级别定义为1级报警，报警颜色：高报红色，低报黄色。

2.控制站算法组态

① 编写补偿公式：自定义变量"FI_51501"，变量命名为："流量补偿数据"单位为T/h，根据以下给出的计算公式，完成逻辑搭建，同时上传至画面显示，具体数据

笔记

显示位置参考流程图画面。

$$FI\_51501=FT\_51501*[(250+273)*(PT\_51501+101)/(1.08+101)*(TE\_51501+273)]$$

② 编写碱洗塔塔顶流量FT_51501进行累积计算：使用累计流量功能块进行搭建，并且可以手动复位，同时当流量累计达到10000T/h后自动复位。累计值变量定义为"FIQ_51501"定义命名为"碱洗塔塔顶流量累积"，单位为T/h，上传至画面显示，具体位置参考流程图画面。

③ 编写对碱洗塔塔底液位进行设置PID自动调节：完成单回路自动条件，LT_51501为测量端，FV_51503为控制端，实现单回路条件功能。

④ 编写碱洗塔出料泵的机泵控制：当联锁投入时塔底液位大于等于设定值A（设定值为液位上限的75%，延时5s）机泵自启。当联锁投入时塔底液位小于等于设定值B（设定值为量程上限的15%时，延时5s）机泵自停，联锁按钮定义为：MAN_LSTR，变量上传至画面。

3.流程图画面组态

① 根据附件"流程图画面"完成碱洗塔流程画面，并在此画面上以棒图形式显示塔顶和塔底液位，显示碱洗塔相关的压力和温度。

② 在流程图上显示如下数据及按钮FT_51501、FT_51503、PT_51501、PT_51502、LT_51501、LT_51502、IT_51501、TE_51501、TE_51502、TE_51503、LSH_51501、LSHH_51501、FI_51501、FIQ51501测量值及工程单位，以及所有调节阀和泵、开关阀等控制设备。详细位置见图3-7-3流程图画面。

③ 要求机泵、阀门能弹出相应的操作面板，并且能够在满足条件的情况下，可以自动控制或手动控制。

④ 根据配置自动生成系统结构图，用于系统检测和监控使用。

⑤ 流程图图幅设为16760*9260，色调：120、饱和度：240、亮度：60、红：0、绿：128、蓝：128。

4.组态下装调试

① 完成以上全部工作后，设定工程师站与服务器\历史站\操作员站的IP通讯地址。

② 按照下装步骤完成主控器下装、服务器\历史站、操作员站一一下装。

③ 启动操作员完成相应功能测试。

三、设计要求

① 完成数据总控编译通过。

② 对控制算法组态要求编译通过。

③ 完成IP地址配置。

④ 完成服务器下载、操作员画面下载，并启动操作员运行。

教学情境四
CENTUM系统组态技术及应用

资源4.1
微课-初识
CENTUM

横河公司的控制系统CENTUM CS系列是日本横河电机株式会社自1996年至1999年相继推出的集散控制系统，其中包括CENTUM CS、CENTUM CS3000大型集散控制系统和CENTUM CS1000小型集散控制系统。随着产业信息技术的飞速发展，以提高综合经济效益为目标的生产及管理综合自动化成为必然趋势。为此，横河在产品的设计制造、研究开发上提出了面向21世纪的ETS（Enterprise Technology Solution）的系统概念，从工厂的生产运行、综合效益为出发点，充分满足工厂的各种需求，以最先进的技术、最可靠的产品，为用户提供从设计开发到现场服务的完善、优化适用的综合决策方案。CS（Concentrol Solution）系列是专用于工厂的综合生产管理与控制的系统。CENTUM CS3000是横河ETS概念的最重要产品之一。CENTUM CS3000系统由分散执行控制功能的现场控制站FCS（Field Control Stations）和进行集中监视、操作的人机界面操作站HIS（Operator Station）及组态工程师站（EWS）组成。相互间通过内部高速通信总线连接，组成计算机局域网络。

【情境介绍】

本教学情境基于CENTUM CS3000系统，引入"碱洗塔系统"案例工程，从项目组态、控制站组态、操作站组态入手，详细介绍硬件配置、测点分析、PID控制、逻辑控制、报警组态及画面组态等内容，形成了一个完整的工程组态与测试学习过程，并通过"小试牛刀"、"融会贯通"和"照猫画虎"等基于CS3000软件进行拓展学习。

【学习目标】

笔记

素质点 ▶▶

素质点1：多测点备用的组态，基于"冗余"策略，要具有责任意识、安全意识和防范危险意识，必须坚定不移贯彻总体国家安全观。

素质点2：要力争避免失败但不抗拒失败，渴望成功但不安逸于成功，胜不骄、败不馁，为稳步实现全面建成小康社会不懈奋斗。

知识点 ▶▶

知识点1：应知CENTUM基本组成

知识点2：应知CENTUM组态流程

技能点 ▶▶

技能点1：应会CENTUM工程项目分析　技能点2：应会CENTUM功能组态
技能点3：应会CENTUM硬件组态　　技能点4：应会CENTUM控制组态
技能点5：应会CENTUM操作站组态　技能点6：应会CENTUM仿真调试
技能点7：应会CENTUM系统运行测试

【思维导图】

引入"碱洗塔系统"的案例工程，基于CENTUM CS300软件平台，通过组态方法和组态技巧的学习，完成系统组态设计并进行应用调试。如图4-0-1所示。

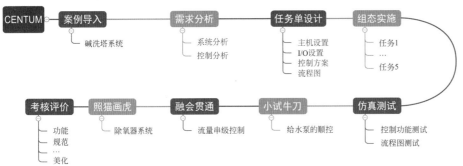

图4-0-1　CENTUM系统组态学习思维导图

【案例描述】

某化工工艺有来自上工段合成的稀碱液，其将作为原料用于下工段生产，需要使用储液罐存储，实现碱洗塔塔底液位PID自动调节，碱洗塔塔顶流量累积显示，并且可以手动复位，其中，当联锁投入时塔底液位大于等于设定值A（设定值为液位上限的75%，延时5s）机泵自启。当联锁投入时塔底液位小于等于设定值B（设定值为量程上限的15%时，延时5s）机泵自停。模拟量信号输入高报值为量程上限的90%，低报值为量程上限的10%，报警颜色：高报红色，低报黄色。工艺流程如图4-0-2所示。

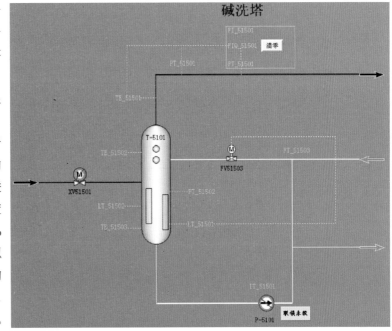

图4-0-2　碱洗塔控制工艺图

【知识点拨】

资源 4.2
微课-CENTUM
系统构成

一、CENTUM CS3000 系统构成

根据工程的具体规模，CENTUM CS3000系统可灵活组态，从小系统到包含各种设备的大系统。

1.最小系统

CENTUM-CS3000最小系统由 1 个操作站ICS、 1 个现场控制站FCS和控制V网组成。如图4-0-3所示。

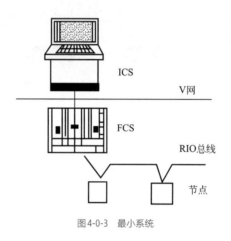

图4-0-3　最小系统

2.最大系统

CENTUM CS3000最大系统是指在一个控制域内的系统构成，其配置规格如表4-0-1所示。

表4-0-1　CENTUM CS系统规格

项目	规格
监测位号数	100，000个位号
网络	V网（实时控制网络）以太网（信息LAN）
各种站最大数量	64个站点，为ICS、FCS、ACG和ABC站总数

3.扩展系统

CENTUM CS3000系统借助总线转换器ABC，增建新的V网络可连接更多的站，构成多域系统，最多可容纳16个控制域、256个站，其系统体系结构如图4-0-4所示。

CENTUM CS3000系统由分散执行控制功能的现场控制站FCS（Field Control Stations）和进行集中监视、操作的人机界面操作站HIS（Operator Station）及组态工程师站（EWS）组成。相互间通过内部高速通信总线连接，组成计算机局域网络。CENTUM CS3000系统主要设备包括如下。

笔 记

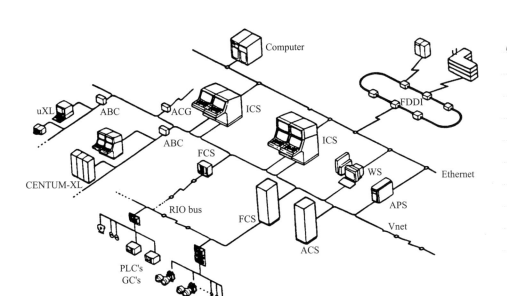

图4-0-4　CENTUM CS3000扩展系统体系图

① 信息和操作站（ICS）：用于运行操作和监视。

② 工作站（WS）：工作站仅用于工程作业，可用HP9000/70系列工作站完成。

③ 应用站（APS）：一台小型计算机，它用来执行各种应用软件包。

④ 现场控制站（FCS）：具有仪表、电气控制和计算机（用户编程）功能。

⑤ 高级控制站（ACS）：对多台FCS进行监督用的工作站，它用于组态全范围控制系统。

⑥ 电气控制站（ECS）：用于控制大型电动机或配电装置。

⑦ 离散控制站（TCS）：通过监控数台顺控器，控制离散式生产过程。

⑧ 通讯接口单元（ACG）：与上位监控计算机系统通讯的单元，用于上位机对FCS站数据的采集与设定。

⑨ 总线转换器（ABC）：CENTUM CS系统与另一CENTUM CS系统或现存的CENTUM XL、µXL系统间的连接单元。

集散控制系统中的现场控制站FCS，是一种控制功能与操作功能分离的多回路控制器，它接受现场送来的各种测量信号，通过I/O节点单元中的各种型号的输入I/O卡件来完成的，它们将生产现场的变送器、传感器等仪表传来的各种信号，如热电阻、热电偶、4～20mA国际标准信号等，通过A/D转换模块转换成数字量信号，之后传送给控制站的主CPU，CPU按指定的控制算法，对信号进行输入处理、控制运算、输出处理后，将最终的控制运算结果和指令，通过输出卡件向生产现场的各种执行机构发出控制命令。

根据分散的设计原则，现场控制站内，大型系统一个微处理器控制最多120个回路，小型系统控制16个回路，它具有自己的程序寄存器和数据库，能脱离操作站，独立对生产进行控制。当生产规模较大时，可多台现场控制站一起工作（现场控制站和操作站总数最多为64个）。另外，CPU还将采集到的数据和运算结果通过控制总线传送给操作站，并能接收操作站传来的控制指令。现场控制站还负责与连接在系统中的子系统，如PLC等进行通讯的工作。

现场控制站是整个DCS的核心部分，因此其中的CPU卡、电源模块以及实时控制总线均采用双重化配置，以保证系统的高可靠性。并且CENTUM CS3000系统的现场控制站CPU具备其他DCS厂家所没有的4CPU结构，采用了运用在航天科技冗余容错技术，即每个现场控制站冗余的配备两块CPU卡，每个CPU卡中集成了两块完全一样的CPU芯片。当控制站工作时，一块CPU卡处于控制状态，接收I/O节点传送来的数据，进行控制运算处理并输出到I/O节点；另一块CPU卡处于备用状态，也接收I/O节点传送来的数据，进行控制运算处理，但不输出到I/O节点，仅当工作侧的CPU卡件出现故障时，备用侧CPU卡零时间切至工作状态，并输出控制结果。在每个CPU卡件中的两块CPU芯片也同时接收输入数据并运算，并将运算结果实时进行比较，当某个CPU芯片出现运算错误，两个CPU芯片的运算结果不一致时，则将控制权交给另一侧的CPU卡。具体结构原理见图4-0-5。

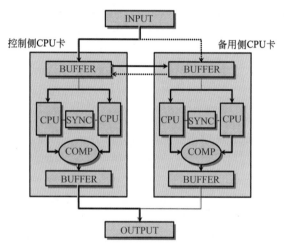

图4-0-5 CPU结构原理图

CENTUM CS3000系统的现场控制站主要由主CPU单元、电源模块、通讯总线以及I/O节点单元和I/O卡件组成。I/O卡件又根据不同的功能和信号类型分为模拟量卡件、开关量卡件、子系统通讯卡件等。I/O卡件表面封装，防尘、抗干扰能力强，所有的卡件都具有子诊断状态显示，用于控制回路的卡件常常选用高分散的单点卡件，单点卡件可在线更换插拔，用于采集回路可选用16点多路卡件。所有I/O卡件均为带有8MHz高速微处理器的智能化卡件，在I/O级就可进行A/D转换、数字滤波、工业量程换算、线性运算、热电偶冷端补偿、输入/输出开路检查、故障判断等功能。

工程师站和操作站位于控制站的上层，可通过数据通信，与各个现场控制站交换信息。工程师站可使用通用PC机或横河专用计算机。其功能主要是针对具体的控制对象编写相应的人机界面，如流程图画面、仪表分组画面、趋势记录画面等；自动控制软件，如复杂控制回路、顺序启停程序、联锁程序等；然后通过标准以太网和控制通讯总线将软件下装到各个现场控制站和操作站中。人机界面操作站也可使用通用

PC机，或使用横河专用的操作员站，其功能主要是通过控制通讯总线，对现场控制站中的实时数据进行监视和操作。操作工通过操作站的 CRT 显示器，集中监视、操作和管理，可根据需要迅速准确地进行修改参数，处理报警等操作，以实现操作人员与DCS的人机对话。

　　DCS中的通信总线也是系统重要组成部分之一，通信的可靠性对系统安全至关重要。在CENTUM CS3000系统中，通信总线为实时控制总线V-net和以太网两部分。控制总线V-net采用多主站令牌传送方式，在系统中各操作站和控制站的地位相同，没有固定的主从站之分，这样可避免因固定主站，当主站故障而引发全线故障的危险。此外V-net还采用双总线冗余结构，更加确保通信可靠性。V-net使用 IEEE802.4 协议，传输速率为10Mbps，最大距离500m，使用光纤中继器可扩充至20km。令牌网具有实时性强的特点，因此V-net主要用来进行现场控制站和操作站之间的实时数据交换；以太网采用标准的IEEE802.3协议，传输速率为100Mbps，最大传输距离185m，使用光纤中继器可扩充至20km。以太网的实时性不强，但其通讯速率高、兼容性、通用性好，主要用来共享操作站之间的历史信息、趋势信息等非实时性的数据，工程师站的组态编程数据也通过以太网来下装；以太网的另一个主要用途是将DCS系统与上位管理系统进行连接，是实现上位通讯的主要途径。

二、CENTUM CS3000 系统基本组件

1. 现场控制站FCS

现场控制站主要完成各种实时运算控制功能和与其他站的通信功能。

（1）现场控制站的硬件构成

FCS有一个现场控制单元（FCU），最多可由8个节点组成，由远程输入/输出总线（RIO总线）连接起来，如图4-0-6所示。

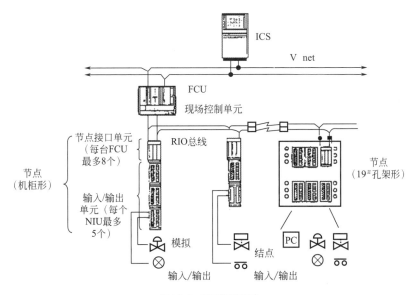

图4-0-6　FCS的硬件构成

① 现场控制单元FCU。FCU为一个微处理器组件，完成FCS的控制和计算。现场控制单元由三种卡件（处理器卡、节点通信卡和电源卡）、一个V网通信耦合器和RIO总线耦合器组成。在双重化组态的FCU中，每一种卡均成对安装，图4-0-7为FCU的结构，RIO标准型FCS的硬件配置关系如图4-0-8所示。

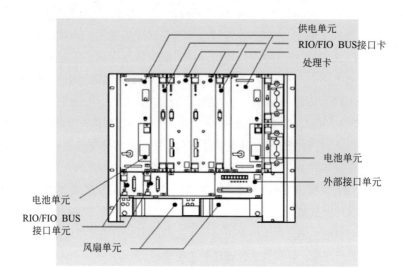

图4-0-7 双重化FCU的结构

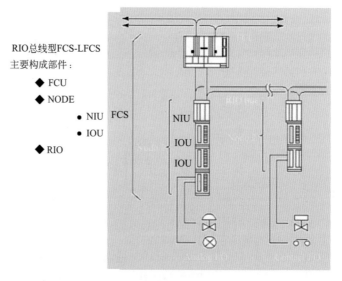

图4-0-8 RIO标准型FCS

② 节点（远程I/O单元）。节点为一种信号处理装置，它将现场来的I/O信号经变换后送给FCU，远程输入/输出总线将FCU和节点连接起来。节点在机构中的安装如图4-0-9所示。一个节点由一个现场信号连接的"I/O单元"和一个与FCU通信的"节点接口单元（NIU）"组成。

节点接口单元NIU是节点的一部分，它经RIO总线与FCU通信，这个单元由通信卡和电源组成，可以制成双重化冗余结构。1个NIU最多可接5个各种类型的I/O卡。

I/O单元由输入/输出过程信号的I/O模件及安装这些模件的卡盒组成，有模拟I/O模件卡盒、高速扫描用模拟I/O模件卡盒、继电器I/O模件卡盒、端子型节点I/O模件卡盒、连接器型节点I/O模件卡盒。

笔记

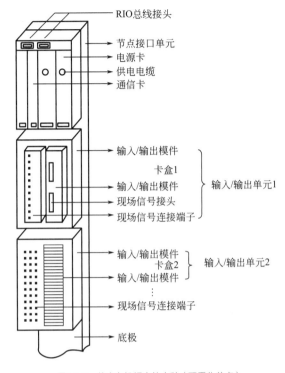

图4-0-9　节点在机柜中的安装（双重化节点）

③ RIO总线。远程总线（RIO）可组成双重化冗余结构，为连接FCU和各个节点的通信母线。双绞线电缆及功率放大器用于短距离传送，中继器和光纤放大器用于长距离传送。远程总线允许在不悬挂FCU控制和终端与其他节点的数据通信的条件下增加节点或改变节点。

（2）现场控制站的分类

现场控制站按照功能、容量的不同，可分为标准型、扩展型和紧凑型三种；按照安装方式的不同，可分为机柜安装型和机架安装两种；按照I/O节点的不同，标准型现场控制站可分为LFCS、KFCS两种；扩展型现场控制站可分为LFCS2、KFCS2两种；紧凑型现场控制站可分为SFCS、FFCS两种；其中KFCS、KFCS2、FFCS的I/O子系统由ESB总线和ER总线以及总线连接模块FIO组成；LFCS、LFCS2的I/O子系统由RIO总线及总线连接模块RIO组成；SFCS的I/O子系统使用RIO模块，与现场控制单元FCU组成一体结构。

（3）现场控制站的卡件

现场控制站的两种卡件RIO和FIO不能相互通用。

RIO型FCS控制站卡件有模拟量I/O卡件、多点模拟量I/O卡件（端子型/连接器型）、继电器I/O卡件、多点控制模拟量I/O卡件（连接器型）、数字量I/O卡件、通信模件、通信卡等7类。不同的I/O卡件必须安装在不同的插件箱中，安装个数也有要求。RIO型卡件见表4-0-2所示。主要卡件信息如下。

① 单点模拟量输入/输出卡件

AAM10：单点模拟量4～20mA或1～5V输入卡件，可为两线制变送器提供24V电源。

AAM50：单点模拟量4～20mA或1～5V输出卡件，输出负载阻抗0～750Ω。

AAM21：单点热电阻，热电偶、毫伏输入信号卡件。

APM11：单点脉冲信号输入卡件，频率为0～10kHz。

② 多点模拟量信号输入卡件

AMM42T：16点模拟量4～20mA信号输入卡件，可为两线制变送器提供24V电源。

AMM11T：16点模拟量0～10V DC信号输入卡件。

AMM32T：16点热电阻信号输入卡件。

③ 开关量输入/输出卡件

ADM11T：16点开关量输入。

ADM12C：16点开关量输入，可连接外部继电器板。

ADM52C-2：16点开关量输出，可连接外部继电器板。

表4-0-2　RIO型卡件

卡件名称	型号	卡件说明	插件箱/卡件个数	连接方式
模拟I/O卡件	AAM10	电流/电压输入卡（简捷型）	AMN11、12/16	端子
	AAM11/11B	电流/电压输入卡/BRAIN协议	AMN11、12/16	
	AAM12	mV、热电偶、RTD输入卡	AMN11、12/16	
	APM11	脉冲输入卡	AMN11、12/16	
	AAM50	电流输出卡	AMN11、12/16	
	AAM51	电流/电压输出卡	AMN11、12/16	
	ACM80	多点控制模拟量I/O卡（8I/8O）	AMN34/2	连接器
继电器I/O卡件	ADM15R	继电器输入卡	AMN21/1	端子
	ADM55R	继电器输出卡	AMN21/1	
多点模拟I/O卡件	AMM12T	多点电压输入卡	AMN31、32/2	端子
	AMM22T	多点热电偶输入卡	AMN31、32/2	
	AMM32T	多点RTD输入卡	AMN31/1	
	AMM42T	多点2线制变送器输入卡	AMN31/1	
	AMM52T	多点电流输出卡	AMN31/1	
	AMM22M	多点mV输入卡	AMN31、32/2	
	AMM12C	多点电压输入卡	AMN32/2	连接器
	AMM22C	多点热电偶输入卡	AMN32/2	
	AMM25C	多点热电偶带mV输入卡	AMN32/2	
	AMM32C	多点RTD输入卡	AMN32/2	

卡件名称	型号	卡件说明	插件箱/卡件个数	连接方式
数字 I/O卡件	ADM11T	16点接点输入卡	AMN31/2	端子
	ADM12T	32点接点输入卡	AMN31/2	
	ADM51T	16点接点输入卡	AMN31/2	
	ADM52T	32点接点输入卡	AMN31/2	
	ADM11C	16点接点输入卡	AMN32/4	连接器
	ADM12C	32点接点输入卡	AMN32/4	
	ADM51C	16点接点输入卡	AMN32/4	
	ADM52C	32点接点输入卡	AMN32/4	
通信 模件	ACM11	RS-232通信模件	AMN33/2	连接器
	ACM12	RS-422/RS-485通信模件	AMN33/2	端子
	ACF11	现场总线通信模件	AMN33/2	端子
	ACP71	Profibus通信模件	AMN52/4	D-sub9针连接器
通信 卡件	ACM21	RS-232通信卡件	AMN51/2	连接器
	ACM22	RS-422/RS-485通信卡件	AMN51/2	端子
	ACM71	Ethernet通信模件	AMN51/2	RJ-45连接器

FIO型FCS控制站的AI/AO与DI/DO均可实现双重化。FIO型卡件分为模拟量I/O卡、数字量I/O卡、通信卡等3类（卡件信息略）。

2.信息和操作站ICS

（1）硬件构成

一台信息和操作站由CRT显示器、操作键盘、鼠标和智能部件组成。图4-0-10所示为信息和操作站的外观和组件名称。

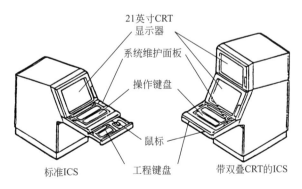

图4-0-10　ICS站的外观和组件名称

（2）功能介绍

信息和操作站的主要功能是对生产过程的监视和操作。ICS操作功能结构包括如下。

① 操作功能（围绕日常操作和监视用的工厂操作）：操作和监视功能（操作画面

显示功能、趋势记录功能、窗口功能）、画面拷贝、过程报告、报警和信息输出、操作组、安全性、选项功能（报表功能、声音功能、用户C编程功能、ITV窗口等）。

② 系统维修功能（用于系统诊断和维护，以监视ICS和FCS的操作状态，它也用于执行FCS数据的等值化）：系统状态总貌显示、系统报警信息显示、控制站状态显示、当前站状态显示、V网状态显示、等值化功能、操作环境设定、日期与时间设定等。

③ 实用操作功能：操作标志定义、功能键定义/辅助输出键定义、趋势记录曲线设定、外部记录仪输出设定、趋势数据储存、趋势参照方式记入/产生、操作画面顺序定义、画面组定义、总貌画面制定、控制组制定、帮助窗口定义/帮助信息编辑、声音输出。

④ 工程功能。

⑤ 与监控计算机通信功能。

信息和操作站的主要功能可以概括如下。

① 操作画面概况和切换。如何进行这些画面彼此间的切换，每个画面均可用触屏功能、功能键、软键和键盘上的画面调用键调出，如图4-0-11所示。

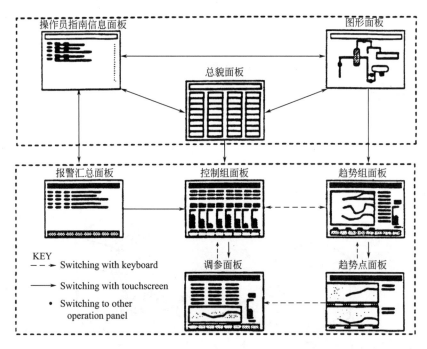

图4-0-11 操作画面的切换

② 操作窗口。操作画面有13种窗口，使用触屏操作的一次触屏或软件操作，均可调出操作窗口，图4-0-12所示为一个画面显示几个窗口的例子。

③ 系统信息窗口。系统信息窗口位于画面顶部，如图4-0-13所示。该窗口始终出现在屏幕最顶端，以方便日常操作。它能显示近期报警信息、调用相关操作界面，有些内容与ICS的日常维护密切相关。

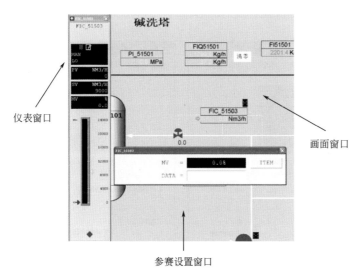

仪表窗口

画面窗口

参赛设置窗口

图 4-0-12 窗口显示的例子

图 4-0-13 系统信息窗口工具栏

系统信息窗口中的按钮分布从左至右依次为过程报警按钮、系统报警按钮、操作指导信息按钮、信息监视按钮、用户进入按钮、窗口切换按钮、窗口操作按钮、预设按钮、工具栏按钮、导航按钮、名字输入按钮、切换按钮、清屏按钮、消音按钮、全屏拷贝等。

④ 多显示器（CRT）操作。ICS 具有连接两台或多台显示器协同操作的功能。包括：画面组功能（用户可事先登录画面组合并同时将它们显示在制定的显示器上。当有两台或多台 ICS 或使用层叠式 ICS 时，画面组合功能是有用的）和操作组功能（当系统中含有多台 ICS 时，操作组用来制定某些 ICS 站和 FCS 站为一个组负责指定车间/装置的操作控制。某一操作组内的 ICS 不接受来自组外工厂部分的报警和信息）。

三、CENTUM CS3000 系统软件安装

1. 软件配置

Windows 2000 专业版 Service Pack 4、Windows XP 专业版 Service Pack 1 和 Windows Server 2003。其他软件根据工程需要选择，如监视软件、工程软件、通信软件、控制站软件、媒体软件和升级软件等。

2. 安装步骤

① 设置桌面、屏保、电源、分辨率，在屏幕上单击鼠标右键，选中"属性"栏，如图 4-0-14 所示，在桌面菜单里的背景选择"无"；选中"屏幕保护程序"栏，选择"无"，关闭屏幕保护，如图 4-0-15 所示。

图4-0-14　桌面　　　　　　　　　　　　　　图4-0-15　屏幕保护程序

　　② 单击"电源"栏，进入电源管理选项，如图4-0-16所示，设置"关闭监视器"为"从不"，设置"关闭硬盘"为"从不"，设置"系统待机"为"从不"。

　　③ 最后在"显示属性"窗口，选中"设置"栏，如图4-0-17所示，选择合适的"屏幕分辨率"（液晶刷新频率 注：建议较低频率）和"颜色质量"，根据要求选择。单击下方"确定"，完成对桌面、屏保、分辨率和电源选项的设定。

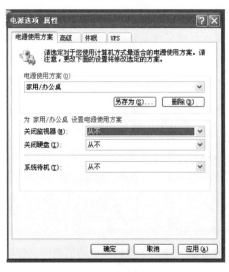

图4-0-16　电源选项　　　　　　　　　　　　图4-0-17　外观

　　④ 关闭防火墙，自动更新及"安全中心"。进入"控制面板"，选择"安全中心"，如图4-0-18所示，对防火墙自动更新如图4-0-19所示，对病毒防护进行设定，如图4-0-20所示，全部关闭。

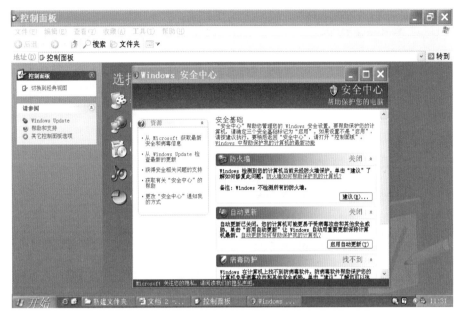

图4-0-18　安全中心

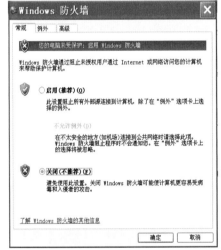

图4-0-19　常规选项

图4-0-20　自动更新

⑤ 改变DCOM属性。点击"开始"菜单-运行，进入DCOM属性修改，在运行栏键入"dcomcnfg"，如图4-0-21所示。

点击"确定"进入如图4-0-22所示的界面。进入"组件服务"，点击"计算机"-我的电脑如图4-0-23所示，右击"我的电脑"属性栏，进入"com安全"选项，在访问权限中，选择"编辑限制"项，添加"everyone"的权限，修改"anonymous"的权限，所有项目均设置为"允许"，如图4-0-24所示，点击"确认"完成设置。

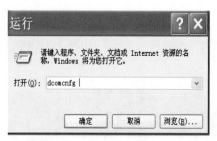

图 4-0-21　运行

图 4-0-22　组件服务

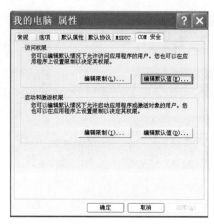

图 4-0-23　桌面

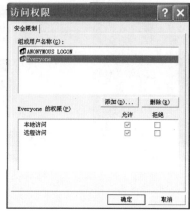

图 4-0-24　屏幕保护程序

⑥ 改变本地安全设置。进入"控制面板"-管理工具，进入"本地策略"，选择"安全选项"，启用让"每个人"权限应用于匿名用户，如图4-0-25所示。

图 4-0-25　本地安全设置

笔记

⑦ 停用网络连接。右键点击网上邻居，选择属性，右键点击网络连接，选择"停用"。如图4-0-26所示。

⑧ 重启计算机，完成对计算机的设置。开始安装CS3000系统软件。打开CS3000安装光盘cd1中的"SETUP"安装CS3000系统软件，如图4-0-27所示。

图4-0-26　网络设置　　　　　　　　　　　　图4-0-27　安装界面

✏ 笔 记

⑨ 安装位置设置，如图4-0-28所示。

⑩ 手动键入计算机名（站名）到Name中，Company写用户的名字。如图4-0-29所示。

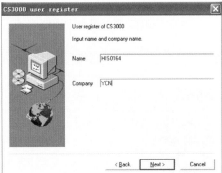

图4-0-28　安装位置　　　　　　　　　　　　图4-0-29　用户信息

⑪ 项目现场装机时，如遇ID栏无法自动读取该机子的ID，则应以"TXT"方式打开其对应ID Module软盘中的文件，复制其ID号，并将其粘贴在ID栏中，如图4-0-30所示。

⑫ 读取KEYCODE，如图4-0-31所示。

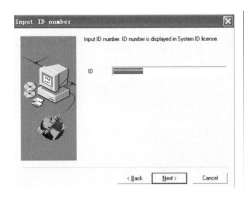

图4-0-30　ID　　　　　　　　　　　　　　图4-0-31　读取KEYCODE

⑬ 遇到如图4-0-32所示对话框选择"否"。

⑭ 开始安装，如图4-0-33所示。

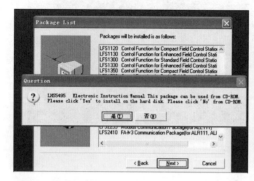

图4-0-32 对话框

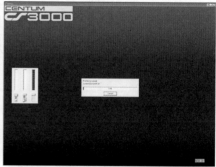

图4-0-33 安装界面1

⑮ 当安装到97%的时候，会提示将CD2的地址路径复制其中，没有的话直接选择下一步，如图4-0-34所示。

⑯ 如果没有操作员键盘无需修改进入下一步，如图4-0-35所示。

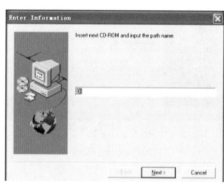

图4-0-34 安装界面2

图4-0-35 安装界面3

⑰ 数据库所在的站名一般是工程师站，如图4-0-36所示。

⑱ 装完CS3000后立即重启计算机，进入administrator用户下给CENTUM管理员权限，如图4-0-37所示。

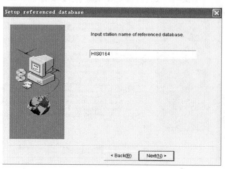

图4-0-36 安装界面4

图4-0-37 管理员权限

四、CENTUM CS3000系统组态

系统组态就是利用CS 3000组态软件通过对项目功能组态、FCS功能组态、ICS功能组态来实现特定系统控制、监视任务的过程。

1.项目功能组态

① 生成CS3000系统新项目时，依次点击[开始]-[所有程序]-YOKOGAWA CENTUM-System view-FILE-Creat New-Project，填写用户/单位名称及项目信息并确认，当出现新项目对话框时，填写项目名称（大写），确认项目存放路径。

② 在此项目建立过程中，自动提示生成一个控制站和一个操作站，依据系统配置，定义生成其余的控制站和操作站。

③ 控制站建立方法是首先选择所建项目名称，依次点击[File]-[Creat New]-[FCS]，然后选择控制站类型、数据库类型，设定站的地址。

④ 操作站建立方法是首先选择所建项目名称，依次点击[File]-[Creat New]-[HIS]，然后选择操作站类型，设定站的地址。

系统项目生成后，即可进行控制站、操作站功能的组态。

2.控制站组态

① 项目公共部分定义（Common）。

② FCS定义，如FIO型1#控制站定义。

③ NODE的定义，NODE的定义路径为：FCS0101\IOM\File\Creat New\Node，选择并确定Node类型和Node编号等相关内容。

④ 卡件的定义，卡件的定义路径为：FCS0101\IOM\Node1\File\Creat New\IOM。

模拟量卡定义内容有选择卡件类型、卡件型号、卡件槽号和卡件是否双重化（必须在奇数槽定义）等。

数字量卡定义内容有选择通道地址、信号类型、工位名称、工位注释和工位标签等。

FIO卡件地址命名规则为：%Znnusmm

其中，nn——Node（节点号：01 ~ 10）；

　　　u——Slot（插槽号：1 ~ 8）；

　　　s——Segment（段号：1 ~ 4），除现场总线卡件外均为1；

　　　mm——Terminal（通道号：01 ~ 64）。

RIO卡件地址命名规则：%Znnusmm

其中，nn——Node（节点号：01 ~ 08）；

　　　u——Unit（单元号：1 ~ 5）；

　　　s——Slot（插槽号：1 ~ 4）；

　　　mm——Terminal（通道号：01 ~ 32）。

⑤ FUNCTION _ BLOCK（功能块及仪表回路连接）定义，功能块及仪表回路连接定义的路径为：FCS0101\FUNCTION _ BLOCK\DR0001。

单回路PID仪表的建立步骤如下。

● 点击类型选择按钮，选择路径Regulatory Control Block\Controllers\PID。

● 输入工位名称，点击此功能块，单击右键进入属性，填写相关属性内容（如工位名称、工位注释、仪表高低量程、工程单位、输入信号是否转换、累积时间单位、工位级别等）。

● 输入通道及连接。点击类型选择按钮，选择路径Link Block\PIO，输入通道地址，然后进行连接。点击连线工具按钮，先单击PIO边框上"*"点，再双击PID边框上"*"点，然后存盘。功能块及仪表回路连接定义如图4-0-38所示。

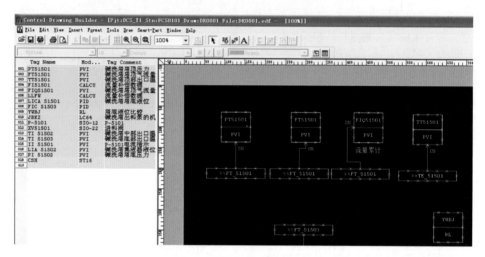

图4-0-38　功能块及仪表回路连接定义

⑥ 顺序控制模块。顺序控制能够根据预先指定的条件和指令一步一步地实现控制过程。应用时，条件控制（监视）根据事先指定的条件，对过程状态进行监视和控制。程序控制（步序执行）根据事先编好的程序执行控制任务，相关模块类型见表4-0-3。

表4-0-3　顺控模块

控制块类型	型号	名称
顺控表	ST16	顺控表（基本部分为8输入，8输出，32列）
	ST16E	列扩展顺控表
	STEX	信号扩展顺控表
逻辑图	LC16	逻辑图，有8输入，8输出和16个逻辑元件
	LC64	逻辑图，有32输入，32输出和34个逻辑元件
开关仪表	SI-1	1输入开关仪表块
	SI-2	2输入开关仪表块
	SO-1	1输出开关仪表块
	SO-2	2输出开关仪表块
	SIO-11	1输入1输出开关仪表块
	SIO-12	1输入2输出开关仪表块

笔记

控制块类型	型号	名称
开关仪表	SIO-21	2输入1输出开关仪表块
	SIO-22	2输入2输出开关仪表块
	SIO-21P	1输入2输出开关仪表块
	SIO-22P	2输入2输出开关仪表块
顺控用辅件	LSW	32点就地开关块
	TM	定时器块
	CTS	软计数器块
	CTP	脉冲列输入计数器块
	CI	码输入块
	CO	码输出块
	RL	关相表达式块
	RS	资源计划块
阀门监视器	VLVM	16路阀门监视器

顺序控制模块可以组态各种回路的顺序控制，如安全连锁控制顺序和过程监视顺序。

顺序控制表Sequence Table和逻辑流程图Logic Chart连接组合，可以组态形成非常复杂的逻辑功能，以实现复杂逻辑判断和控制，如图4-0-39所示。

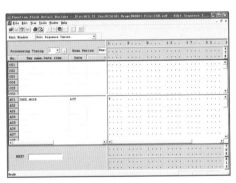
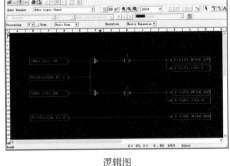

顺序控制表　　　　　　　　　　　　　逻辑图

图4-0-39　顺序控制功能块

在顺控表中，通过操作其他功能块、过程I/O、软件I/O来实现顺序控制。在表格中填写Y/N（Yes/No）来描述输入信号和输出信号间的逻辑关系，实现过程监视和顺序控制。每一张顺控表有64个I/O信号、32个规则。顺控表块有ST16顺控表和ST16E规则扩展块两类。

Processing Timing（处理时序指定）分为I、B、TC、TE、OC、OE。I、B表在FCS启动时执行，用来做初始化处理，为正常操作和控制做准备；TC、TE、OC、OE表用于实现各种顺控要求。

扩展表不能单独使用，只作为ST16表扩展使用。当ST16表的规则栏、条件信号或操作信号不够用时，使用ST16E可扩展该表。使用时将ST16E表的名称填入ST16表下部的NEXT栏中即可。

顺控表必须置于AUT（自动）方式才能起作用。条件规则部分的红色、绿色，表示扫描检测状态；黄色表示未扫描。红色表示条件成立，绿色表示条件不成立。

⑦ 逻辑模块。主要用于联锁顺序控制系统，通过逻辑符号的互连来实现顺序控制。

逻辑模块LC64有32个输入、32个输出和64个逻辑符号。逻辑图模块的处理分为3个阶段：输入处理、逻辑运算处理、输出处理。

常用逻辑操作元素有AND（与）、OR（或）、NOT（非）、SRS1/2-R（R端优先双稳态触发器）、SRS1/2-S（S端优先双稳态触发器）、CMP-GE（大于等于比较）、CMP-GT（大于比较）、CMP-EQ（等于比较）、TON（上升沿触发器）、TOFF（下降沿触发器）、OND（ON延时器）、OFFD（OFF延时器）。

3.操作站组态

（1）控制分组窗口的指定

控制分组窗口分为8回路和16回路两种，只有8回路能进行操作。窗口的定义路径为：HIS0164\WINDOW\CG0001。

（2）总貌窗口的指定

每总貌窗口可设置32个块。窗口的指定路径为：HIS0164\WINDOW\OV0001。

（3）趋势窗口

趋势的定义以块为单位。CS3000每操作站50块，每块16组，每组8笔。

新趋势块的生成路径为：HIS0164\File\Create New\Trend acquisition pen assignment……。趋势笔的分配路径为：HIS0164\Configuration\TR0001。常用数据项有PV（CPV）、SV和MV。例如TIC101.PV、FIC101.SV等。

功能键分配路径为：HIS0164\Configuration\FuncKey。功能键主要用来调出窗口和启动报表等。

（4）系统调试

项目完成后，需要对软件及组态进行调试，以检验其正确性与否。CS3000所提供的调试功能有两种类型，即仿真调试和目标调试。通常应首先进行仿真调试，然后下载进行目标调试。

① 仿真调试

利用人际界面站创建的虚拟现场控制站替代实际的现场控制站，通过仿真现场控制的功能对现场控制站的控制功能进行模拟测试，从而检查反馈控制功能和顺序控制功能生成数据库的正确与否。

通过虚拟现场控制站对实际的现场控制站的功能和操作进行仿真，完成动态测试、站和站之间的通信、操作监视功能、控制功能和参数整定功能等是否达到设计要求。

② 下载

下载内容：Common公共项目、现场控制站FCS组态内容、人机界面站HIS组态

笔记

内容。

下载方法如下。

● 下载Common公共项目。在系统窗口上选择项目文件夹，选择"Load"菜单，再选择"DownloadCommonSection"，显示"CoffirmProjectCommonDownLoad"对话框，按下[OK]，下载完成。

● 下载现场控制站FCS组态内容。在系统窗口上选择下载FCS文件夹，选择"Load"菜单，再选择"Download FCS"，显示"DownLoad to FCS"对话框，按下[OK]，下载完成。

● 下载人机界面站HIS组态内容。在系统窗口上选择下载HIS文件夹，选择"Load"菜单，再选择"DownloadHIS"，显示"DownLoad to HIS"对话框，按下[OK]，下载完成。

③ 人机界面站HIS设定

主要包括：人机界面站HIS监控点设定、打印机设定、蜂鸣器设定、显示设定、报警设定、预置菜单设定、多媒体设定、长趋势数据保存地址设定等。

④ 目标调试

目标调试程序是应用实际I/O模件和I/O信号的现场连接，直接对现场控制站的人机界面站的在线目标调试，或者利用软件I/O信号连接，实现对现场控制站和人机界面站的离线目标调试，从而达到对现场控制速度、控制周期、控制参数的设定调整。

任务1

工程项目分析

【学习目标】

知识点 ▶▶

知识点1：应知工程工艺要求　　　　知识点2：应知工程控制要求

知识点3：应知工程分析内容

技能点 ▶▶

技能点1：应会分析系统架构　　　　技能点2：应会分析控制变量

技能点3：应会分析控制功能

【任务导入】

工程项目分析是进行CENTUM系统组态设计、实施和测试等的基础工作，主要根据用户（客户）对工程的说明提出的工艺特点和控制要求等工程项目进行整体分析，形成CENTUM组态任务单。

【任务分析】

自动控制系统应具有资料收集、资料传送、资料评估、资料输出、指令输出及程序控制等功能。实现各个单元操作的集中监控，包括：温度、压力、流量、液位等物理量的监测与控制，对电动及气动阀门、空压机、泵等运转机械，应具有顺控及单独操作功能；对突发事件如停电等，系统应采取相应的保护措施，确保在紧急情况下或需要的时候对一些关键的控制点（阀门、电机等）实施控制；配置必要的报警和联锁。

重要参数的记录和方便地查阅其实时趋势和历史趋势；可随时监测有关单元的有关参数或重要设备的运行情况；控制系统操作简单，参数设置、调整方便，便于操作，人性化的操作界面；操作员站显示整个生产工艺流程，修改各种有关参数，打印各种报表以及报警信息。

【任务实施】

一、案例工程分析

1.系统配置分析

（1）工程师站和操作站

工程师站（EWS）是对DCS进行离线的配置、组态工作和在线的系统监督、控制、维护的网络节点，其主要功能是提供对DCS进行组态、配置工作的工具软件（即组态软件），并在DCS在线运行时实时地监视DCS网络上各个节点的运行情况，使系统工程师可以通过工程师站及时调整系统配置及一些系统参数的设定，使DCS随时处在最佳的工作状态之下。工程师站能够实现硬件组态、数据库组态、控制回路组态、流程图组态、控制逻辑组态、HIS站显示画面的生成、报表生成组态、操作安全保护组态。

工程师站通过通讯总线，可调出系统内任一分散处理单元的系统组态信息和有关数据。可将组态数据从工程师站上下载到各个分散单元的操作站。此外，重新组态的数据被确认后，系统能自动刷新其内存，具有对DCS系统的运行状态进行监控的功能，包括对各控制站的运行状态、各操作站的运行状态、各级网络通讯状态等方面的监控。

操作站（HIS）的主要功能是为系统的运行操作人员提供人机界面，使操作人员

笔 记

可以通过HIS站及时了解现场运行状况、各种运行参数的当前值、是否有异常情况发生，并可通过输入设备对工艺过程进行控制和调节。操作员站（HIS）能够完成画面及流程显示、控制调节、趋势显示、报警管理及显示、报表管理和打印、操作记录、运行状态显示、操作权限保护及文件转储等功能。

操作站是人机对话的界面，几乎所有的控制指令和状态参数都在此交换。在操作站上可以分别显示各个流程图上现场的各种工艺参数，控制驱动装置、切换控制方式、调整过程设定值等，监控系统内每一个模拟量和数字量，显示并确认报警、操作指导、记录操作日志、记录操作信息如改变设定值、手/自动切换以及时间等，显示历史趋势图，定时打印报表。操作简单，满足操作控制和生产管理的要求。

针对本控案例工程，在系统硬件配置时总览全局，从满足生产过程对控制的要求，现场变送器和执行机构等部件特点，传输信号电缆等方面全面考虑，从工艺的合理性、投资的经济性、运行的可靠性、维修的方便性等进行综合分析，做如下的配置：配置1台工程师站和2台操作站，并预留PC接口，满足了系统的操作需要，在工程师站上安装操作站软件，系统运行时可作为一台操作站使用，系统开车时2个操作站同时参与操作。

（2）控制站

现场控制站（FCS）的配置是按着现场实际情况包括地理位置进行配置的，一共配置了1个现场控制站。现场控制站选用横河公司的AFV10D。该型控制站属于小规模控制站，其CPU、电源、控制总线接口、IO总线接口等均使用双重化设计。每个控制站最大可监控1024个开关量或256个模拟量，并且内部集成有多种控制功能模块，可以满足绝大多数监视控制场合要求。其具体型号为：AFV10D Duplexed Field Control Unit。

控制站的I/O卡件选择，是根据系统I/O测点进行的，同时考虑系统的可靠性，尽量降低成本。因此，选择I/O卡件AAI141-S及AAI543-S作为模拟量信号的输入/输出，以分散可能出现的故障，提高系统的安全性。对于开关量输入/输出点则选用每一通道隔离的32点的连接型ADV151-P输入卡、ADV551-P输出卡，所有开关量卡件均采用连接型卡件，并外配继电器端子板，以防止现场干扰信号产生误动作。系统的I/O分布见表4-1-1。

表4-1-1　I/O分布表

站号	I/O类型	实际点数	Module型号
FCS 1#	AI	16	AAI141-S
	AO	8	AAI543-S
	DI	16	ADV151-P
	DO	16	ADV551-P

2.组态分析

根据工艺流程和现场仪表清单，分配和排布DCS系统I/O卡件。

如表4-1-2所示，一个设计合理的I/O清单应该是：控制站之间的数据通讯点数少，这样可以尽量避免因通讯总线故障而引起的设备误动作；相关的I/O信号尽量集中，无关的I/O信号尽量分散，以使现场仪表到DCS的电缆排布更简洁、更均匀；I/O清单是整个DCS软件设计的基础，在I/O清单中应详细标明每一个进入DCS系统信号的类型、工位号、硬件地址、量程、工业单位以及其功能说明等。同时，I/O清单也是最终提交用户的竣工资料，是用户进行I/O通道测试和运行维护工作的重要资料。

表4-1-2 测点清单

序号	点名	汉字说明	量程下限	量程上限	数据单位	信号类型
AI（模拟量输入点）						
1	FT_51501	碱洗塔塔顶气流量	0	18000	kg/h	4～20mA
2	FT_51503	碱洗塔循环碱液流量	0	24000	Nm³/h	4～20mA
3	PT_51501	碱洗塔塔顶压力	0	0.9	MPa	4～20mA
4	PT_51502	碱洗塔塔底压力	0	0.9	MPa	4～20mA
5	LT_51501	碱洗塔塔底液位	0	100	%	4～20mA
6	LT_51502	碱洗塔集液器液位	0	100	%	4～20mA
7	IT_51501	P-5101电流指示	0	60	A	4～20mA
8	AI_10_01_08	备用	0	100	%	4～20mA
9	TE_51501	碱洗塔顶部出口温度	0	300	℃	4～20mA
10	TE_51502	碱洗塔中部出口温度	0	300	℃	4～20mA
11	TE_51503	碱洗塔底部出口温度	0	300	℃	4～20mA
12	AI_10_02_04	备用	0	100	%	4～20mA
13	AI_10_02_05	备用	0	100	%	4～20mA
14	AI_10_02_06	备用	0	100	%	4～20mA
15	AI_10_02_07	备用	0	100	%	4～20mA
16	AI_10_02_08	备用	0	100	%	4～20mA
AO（模拟量输出点）						
1	FV_51503	碱洗塔循环碱液流量调节阀	0	100	%	4～20mA
2	AO_10_03_02	备用	0	100	%	4～20mA
3	AO_10_03_03	备用	0	100	%	4～20mA
4	AO_10_03_04	备用	0	100	%	4～20mA
5	AO_10_03_05	备用	0	100	%	4～20mA
6	AO_10_03_06	备用	0	100	%	4～20mA
7	AO_10_03_07	备用	0	100	%	4～20mA
8	AO_10_03_08	备用	0	100	%	4～20mA

笔记

序号	点名	汉字说明	量程下限	量程上限	数据单位	信号类型
DI（开关量输入点）						
1	EL_P5101	P-5101运行状态				DI
2	EA_P5101	P-5101电机故障				DI
3	EY_P5101	P-5101远程/就地信号				DI
4	XZO_51501	进料阀开到位				DI
5	XZC_51501	进料阀关到位				DI
6	LSH_51501	塔底液位高I值				DI
7	LSHH_51501	塔底液位高II值				DI
8	DI_10_04_08	备用				DI
9	DI_10_04_09	备用				DI
10	DI_10_04_10	备用				DI
11	DI_10_04_11	备用				DI
12	DI_10_04_12	备用				DI
13	DI_10_04_13	备用				DI
14	DI_10_04_14	备用				DI
15	DI_10_04_15	备用				DI
16	DI_10_04_16	备用				DI
DO（开关量输出点）						
1	EST_P5101	P-5101启动指令				DO
2	ESP_P5101	P-5101停止指令				DO
3	XSOV_51501	进料阀开指令				DO
4	XSCV_51501	进料阀关指令				DO
5	DO_10_05_05	备用				DO
6	DO_10_05_06	备用				DO
7	DO_10_05_07	备用				DO
8	DO_10_05_08	备用				DO
9	DO_10_05_09	备用				DO
10	DO_10_05_10	备用				DO
11	DO_10_05_11	备用				DO
12	DO_10_05_12	备用				DO
13	DO_10_05_13	备用				DO
14	DO_10_05_14	备用				DO
15	DO_10_05_15	备用				DO
16	DO_10_05_16	备用				DO

I/O通道的定义采用填表格的形式，卡件的类型、信号的类型等均采用选择菜单方式，I/O的地址则根据卡件的物理位置自动生成。I/O通道组态是整个控制功能组态的基础，这部分的组态工作要严格按照设计好的I/O清单来定义。

（1）控制功能分析

根据生产工艺的要求，设计控制系统中的控制回路图、程序控制流程图以及联锁逻辑图等。并根据CENTUM CS3000系统的特点，选择适用的内部控制功能块组建相应的回路图，一般称之为Drawing图分配。

控制功能的组态均以绘图的方式在DRAWING图内完成。控制功能的实现是通过控制模块的组合来完成，控制模块是由一系列固化在ROM中的标准子程序组成，具有常规模拟仪表相同或更完善的各种功能，称之为"软仪表"或"内部仪表"，通过对这些功能模块的虚拟信号端子组态，实现从一般简单控制到高级复杂控制在内的各种控制方案，满足不同的生产过程控制要求。

针对联锁和程控，CENTUM CS3000系统提供了逻辑图、顺控表等多种组态方式。工程组态人员可以根据具体的控制要求和对象，来选择使用不同的组态方式。一般系统的联锁采用逻辑图较为方便直观，顺序程控用顺控表便于编写和调试，SFC语言适用于习惯用高级语言进行软件开发的技术人员。逻辑图主要应用于联锁控制，其逻辑图表由联锁功能模块组成，描述了作为输入信号（条件信号）和输出信号（操作信号）之间的关系。一个逻辑图块是一个按照联锁块图准备的功能块，输入信号（条件信号）在变成输出信号（操作信号）前，通过逻辑元素进行处理，逻辑图的执行时间与顺控表相同。

SFC是描述过程管理顺序的流程图，遵守国际IECSC65A/WG6规定的标准，SFC的每一步可以用顺控表、顺序逻辑图来描述。SFC模块方法常用在大型的顺序控制系统和设备控制。

（2）人机操作界面分析

对带测点的工艺流程图（P&ID图）进行合理分割，以适合CENTUM系统的流程画面绘图；确定各种管线、设备以及数据的大小、颜色及色变等；设计合理的控制分组画面、趋势图画面；设计各个画面之间的分层关系和切换方法，以便提供给操作人员一个合理的、简洁的人机操作界面。

① 流程图组态　流程图画面又称用户自定义窗口，利用该窗口监视和操作工厂或控制系统，是带测点的工艺流程图（P&ID）在DCS操作站上的直观反应，也是生产过程中操作人员使用最频繁的人机界面。在CENTUM CS3000系统中，流程图画面是采用类似CAD作图的方式来组态的，提供了大量的作图工具。同时，几乎每个绘图元素都可以进行颜色、位置等动态的变化，使流程图能很直观地体现现场仪表设备的真实情况。流程图画面是工厂和控制系统的图形缩影，是通过过程装置的全动态模拟，用户可以通过窗口监视、操作和控制生产过程。通过流程图窗口可以显示各种信息，如过程报警信息、公告信息、系统报警信息和操作指导信息，但不能对这些信息进行确认操作。此外流程图画面可以显示某个位号的仪表面板图或总貌流程图，以及设置一些触摸屏、按钮、软按键等。流程图画面实时显示、记录整个过程控制系统的

各个重要参数，并设置了相应的越限及故障报警等，极大地方便了操作人员，达到操作监视整个生产的目的。在流程图窗口还可以对工程师站的操作监视画面进行调用，从而在流程图屏幕上显示其他的窗口。

② 操作分组定义　操作分组画面将每个功能块以仪表面板形式显示，操作员直接通过该仪表面板的操作，实现对功能块的数据设定、更改以及运行方式变更等操作。操作分组画面提供操作人员针对相关的仪表设备同时操作和监视功能。

③ 趋势画面定义　趋势画面的组态采用填表的形式，只需操作人员填写需记录的工位号及其参数名称即可。趋势画面是用来获取和记录各种类型的过程参数，并以曲线形式以及不同颜色实时记录，每个趋势窗口上可同时显示记录8个趋势记录点。趋势画面以趋势图的形式显示实时过程数据，操作员可以通过该窗口调出单个趋势点窗口，单个趋势点窗口显示的是分配给趋势窗口的8个过程数据中的某个数据。趋势窗口的数目是预先确定的，在组态时没有必要再定义趋势窗口的窗口类型。

④ 操作画面的制作　操作画面是为操作工提供一个直观的操作环境，便于操作人员的日常操作、控制等。

二、案例工程组态任务单

根据第一部分的分析内容和CENTUM工程组态基本流程，形成如表4-1-3所示组态任务单。

表4-1-3　组态任务单

序号	任务	内容
1	新建工程	① 文件名：碱洗塔控制 ② 路径：C:\CS3000\ENG\
2	主机设置	① 控制站设置 ② 操作站设置
3	I/O组态	① 输入输出卡件 ② 输入输出测点
4	控制方案	① 补偿公式组态 ② 流量累积组态 ③ PID控制组态 ④ 逻辑控制组态
5	流程图	① 设备绘制 ② 位号引用 ③ 管道绘制 ④ 标注绘制 ⑤ 按钮绘制 ⑥ 动态数据特性 ⑦ 液位填充

任务 2

系统组态

【学习目标】

知识点 ▶▶

知识点1：应知工程系统基本结构　　　　知识点2：应知控制站基本内容

知识点3：应知卡件基本知识

技能点 ▶▶

技能点1：应会CS3000工程文件创建　　技能点2：应会系统搭建

技能点3：应会硬件组态

【任务导入】

完成CENTUM案例工程分析后，需要按照任务单进行系统组态。在CENTUM组态环境中，进行系统总体信息组态（FCS、HIS等）是整个系统组态过程中第一步工作，其目的是确定构成控制系统网络节点数，即控制站和操作站节点的数量。其次是对系统的硬件输入输出进行组态，包括卡件和测点。

【任务分析】

工程系统组态，主要包括如下。

① 新建项目，文件名：jxt，路径：C:\CS3000\ENG\。

② 控制站组态。

③ 操作站组态。

④ 硬件组态。

⑤ 测点组态

【任务实施】

资源4.3
PPT-启动软件
和定义项目文件

打开组态软件，如图4-2-1所示。

图4-2-1　打开组态软件

1.新建项目

方法1：

选中菜单命令中的File—create new—project，弹出对话框"create new project"，如图4-2-2所示，当出现新项目对话框时，填写项目名称：JXT，确认项目存放路径，填写用户/单位名称及项目信息并确认，如图4-2-4和图4-2-5所示。

方法2：

在左侧文件导航区域，选中system，右击弹出菜单，选中Create New，选中Project，弹出项目信息对话框，如图4-2-3所示，剩余的步骤参考方法1。

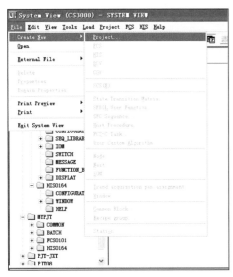

图4-2-2　新建项目（方法1）　　　　　　图4-2-3　新建项目（方法2）

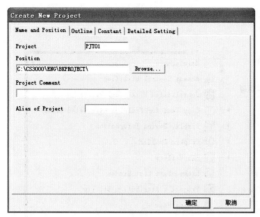

图4-2-4 项目名称

图4-2-5 项目信息

2.控制站组态

选中菜单命令中的File—create new—FCS，弹出对话框"Create New FCS"，在控制站组态的过程中，自动提示生成一个控制站和一个操作站，所以Station Address设置中Domain Number和Station Number的数值都设为1。Station type 选择AFV10D，即控制卡的类型。数据库类型Database Type选择General-purpose，如图4-2-6所示。

图4-2-6 控制站

笔记

3.操作站组态

选中菜单命令中的File-Create New HIS，弹出对话框"Create New HIS"，在type里进行设置，如图4-2-7所示，站类型Station Type选择PC with operation and monitoring function。Station Address设置中Domain Number和Station Number的数值都设为1。数据库类型Database Type选择General-purpose。在Network中进行IP地址设置。地址设为：172.16.1.64和172.17.1.64。其他设置参考如图4-2-8所示。

系统项目生成后，即可进行控制站、操作站功能的组态。项目文件夹经过展开，得到分别为：COMMON、BATCH、FCS0101、HIS0164，如图4-2-9所示。

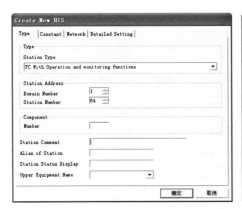

图4-2-7　类型

图4-2-8　IP地址

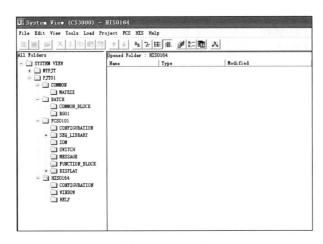

图4-2-9　项目界面

4.硬件组态

选中如图4-2-10所示的FCS0101文件夹下的IOM，右击弹出选项，选择Creat New里的Node，创建一个Node。

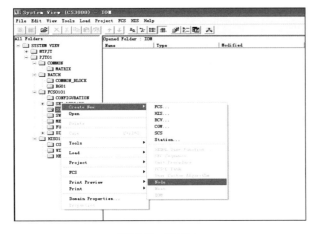

图4-2-10　创建Node

选中Node1，如图4-2-11所示，右击弹出选项，选中Creat New里的IOM，如图4-2-12所示，弹出Creat New IOM选项卡，设置IOM Type。

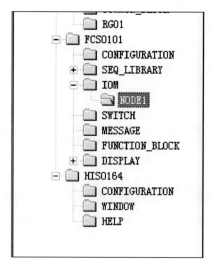

图4-2-11　选中Node

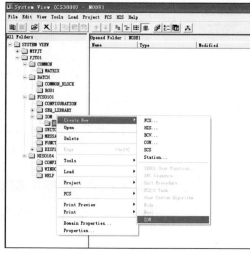

图4-2-12　创建IOM

Category里选择Analog Input，即模拟量输入型，具体卡件型号在Type里进行选择，选择AAI141-S卡，是16通道的电流输入卡。安装位置Installation Position设置Slot为1，如图4-2-13所示。

笔记

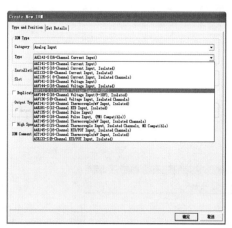

图4-2-13　模拟量输入卡

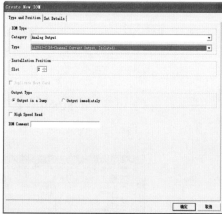

图4-2-14　模拟量输出卡

Category里选择Analog Output，即模拟量输出型，具体卡件型号在Type里进行选择，选择AAI543-S卡，是16通道的电流输出卡。安装位置Installation Position设置Slot为2，如图4-2-14所示。

Category里选择Status Input，即模拟量输入型，具体卡件型号在Type里进行选择，选择ADV151-P卡，是32通道的数字量输入卡。安装位置Installation Position设置Slot为3，如图4-2-15所示。

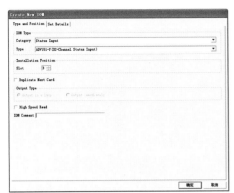

图4-2-15　数字量输入卡　　　　　　　　　　　图4-2-16　数字量输出卡

Category里选择Status Output，即模拟量输入型，具体卡件型号在Type里进行选择，选择ADV551-P卡，是32通道的数字量输出卡。安装位置Installation Position设置Slot为4，如图4-2-16所示。

最终得到如图4-2-17所示的关于输入输出卡件的信息。

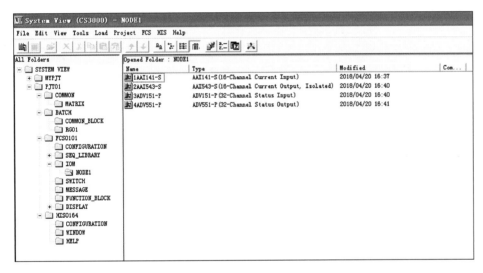

图4-2-17　卡件信息界面

5.测点组态

完成硬件组态的输入输出卡件后，需要对每个输入输出卡件进行测点组态。选中第一个卡件，并双击进入，对模拟输入量测点进行组态，如图4-2-18所示。左击如图的红色区域的按钮，可对测点信息进行详细组态，得到如图4-2-19所示的组态界面。Tag Name和Comments分别代表测点名和测点描述，位号按系统默认排序。

根据测点类型和数量确定所需的输入输出卡件，有模拟量输入卡、模拟量输出卡、数字量输入卡、数字量输出卡。卡件选择结束后，进行测点组态，需要对位号、点描述、单位等信息进行编辑。根据测点清单表4-1-2模拟量输入卡中需要对16个点

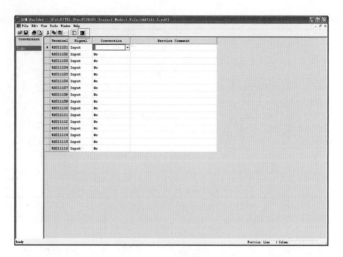

图4-2-18　测点组态界面

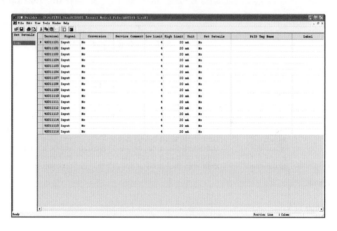

图4-2-19　详细信息组态界面

进行组态，其中包括4个备用测点，如图4-2-20所示；模拟量输出卡中需要对8个测点进行组态编辑，其中包括5个备用测点如图4-2-21所示；数字量卡件需要对位号、点描述等信息进行组态；数字量输出卡中需要对16个测点进行编辑，其中包括8个备用测点，如图4-2-22所示；数字量输入卡中需要对16个测点进行编辑，其中包括1个备用测点，如图4-2-23所示。

笔记

Terminal	Signal	Conversion	Service Comment	Low Limit	High Limit	Unit	Set Details	P&ID Tag Name	Label
%2012101	Output		碱洗塔循环碱液流量调节阀	4	20	mA	Direct Output	FV_51503	%%FV_51503
%2012102	Output	No	备用	4	20	mA	Direct Output	AO_10_03_02	
%2012103	Output	No	备用	4	20	mA	Direct Output	AO_10_03_03	
%2012104	Output	No	备用	4	20	mA	Direct Output	AO_10_03_04	
%2012105	Output	No	备用	4	20	mA	Direct Output	AO_10_03_05	
%2012106	Output	No	备用	4	20	mA	Direct Output	AO_10_03_06	
%2012107	Output	No	备用	4	20	mA	Direct Output	AO_10_03_07	
%2012108	Output	No	备用	4	20	mA	Direct Output	AO_10_03_08	
%2012109	Output	No		4	20	mA	Direct Output		
%2012110	Output	No		4	20	mA	Direct Output		
%2012111	Output	No		4	20	mA	Direct Output		
%2012112	Output	No		4	20	mA	Direct Output		
%2012113	Output	No		4	20	mA	Direct Output		
%2012114	Output	No		4	20	mA	Direct Output		
%2012115	Output	No		4	20	mA	Direct Output		
%2012116	Output	No		4	20	mA	Direct Output		

图4-2-20　模拟量输入测点组态

图4-2-21　模拟量输出测点组态

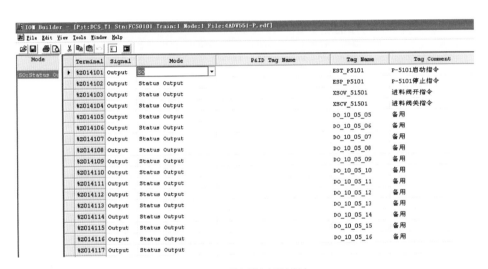

图4-2-22　数字量输出测点组态

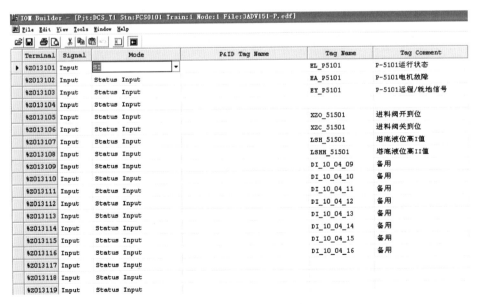

图4-2-23　数字量输入测点组态

任务 3

控制站组态

【学习目标】

知识点 ▶▶

知识点 1：应知计算模块　　　　知识点 2：应知 PVI 模块

知识点 3：应知 PID 模块　　　　知识点 4：应知顺控模块

技能点 ▶▶

技能点 1：应会公式组态　　　　技能点 2：应会数据显示累计应用

技能点 3：应会单回路控制应用　技能点 4：应会逻辑控制应用

【任务导入】

经过任务 2 的硬件输入输出组态学习，如何实现液位信号等输入信息，并按照相应的控制要求实现信号数据显示采集和液位控制是本任务需要解决的问题。

【任务分析】

① 通过计算模块实现采集的数据进行实时计算；

② 通过 PVI 模块实现数据显示和累计功能；

③ 通过 PID 模块实现液位单回路自动调节；

④ 通过顺控模块实现机泵逻辑控制。

【任务实施】

一、补偿控制算法组态

自定义变量"FI_51501"，变量命名为："流量补偿数据"，单位为 T/h，根据以下给出的计算公式，完成逻辑搭建。

$$FI\_51501=FT\_51501*[(250+273)*(PT\_51501+101)/(1.08+101)*(TE\_51501+273)]$$

组态步骤如下。

① 选择模块CALCU，如图4-3-1所示。

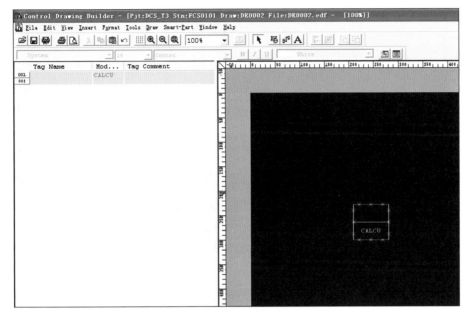

图4-3-1　计算模块编辑界面

② 选中模块，右击选择Properties，如图4-3-2所示，对模块工位名称等属性进行
定义，模块名称为：FI51501。

图4-3-2　属性

图4-3-3　细节编辑

③ 选中模块，右击选中Edit Detail，如图4-3-3所示，进入公式编辑界面，如图
4-3-4所示。

④ 根据任务要求里的公式进行编辑，如图4-3-5所示。

FI_51501=FT_51501*[(250+273)*(PT_51501+101)/(1.08+101)*(TE_51501+273)]

图4-3-4 公式编辑界面

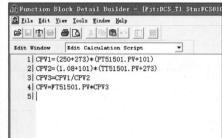

图4-3-5 补偿公式

⑤ 最终流量补偿模块完成组态，如图4-3-6所示。

图4-3-6 流量补偿模块

二、流量累积功能组态

编写碱洗塔塔顶流量FT_51501进行累积计算，使用PVI功能块设置累计功能，并且可以手动复位，累计值变量定义为"FIQ_51501"，定义命名为"碱洗塔塔顶流量累积"，单位为T/h。

1.PVI模块介绍

输入指示仪表，用于接收来自I/O卡件或者其他仪表的信号，作为过程值（PV）进行显示。共有两种类型，如表4-3-1所示。

表4-3-1 PVI信息

块类型	型号	名称
输入指示器	PVI	输入指示块
	PVI-DV	带偏差报警的输入指示块

2.模块应用

每个FCS共有200张DR图，可以任选其一，进行模块的组态工作。以DR0001为例，如图4-3-7所示。

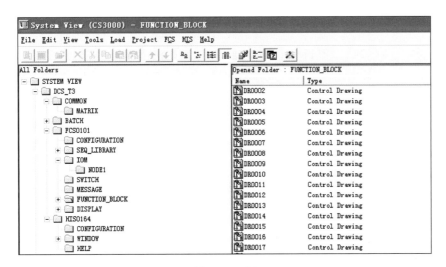

图4-3-7　DR图

选择FCS0101里的FOUNTION_BLOCK，并双击DR0001进入。进入组态画面以后，按下面的步骤进行操作，如图4-3-8所示。

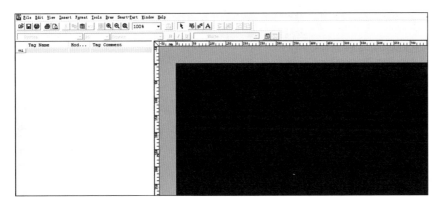

图4-3-8　模块编辑界面

① 选择模块类型：PVI，如图4-3-9所示。

② 输入工位名称：FI51501，如图4-3-10所示。

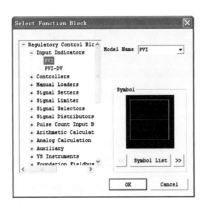

图4-3-9　模块选择

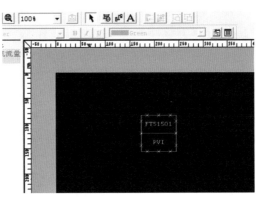

图4-3-10　PVI模块工位输入

③填写相关属性，右击PVI模块，进入属性，如图4-3-11所示。

④输入卡件通道连接，选择通道连接模块，先选择Link Block，然后在Model Name里选择PTO，如图4-3-12所示，输入地址后，进行连接，如图4-3-13所示。

⑤如图4-3-14所示，连接完成，存盘后退出DR0001，至此仪表已经创建成功，在同一张DR图中，可以创建多个模块，其他的显示模块的建立方法是相同的。

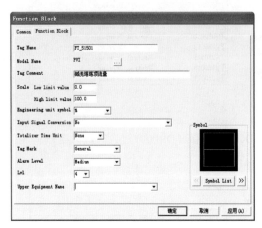

图4-3-11　PVI模块属性界面　　　　　　　　　　图4-3-12　选择连接模块

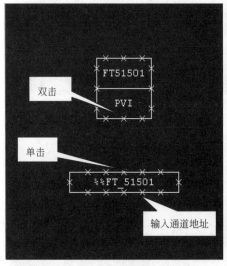

图4-3-13　连接操作

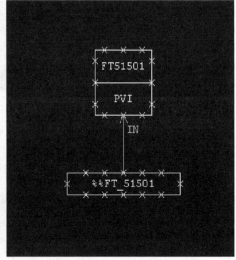

图4-3-14　FT51501显示模块

⑥用相同的方法完成FIQ51501的PVI模块设置，右击模块进入细节编辑，得到如图4-3-15的界面，在Totalizer对话框里进行参数设置，时间单位选择HOUR，完成累积设置，如图4-3-16所示。

图4-3-15　参数设置

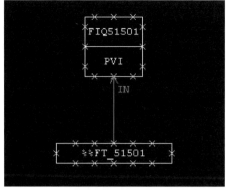

图4-3-16　流量累积模块

素质拓展阅读

PID控制，"穿了这身衣服，得对得起大家！"

三、液位单回路PID控制

完成单回路自动条件，LT_51501为测量端，FV_51503为控制端，实现单回路条件功能。

1.模块介绍

单回路调节模块的应用非常广泛，在CS3000系统中，提供了多种常规控制模块，最常用的是PID模块，现给出调节模块清单，如表4-3-2所示。

表4-3-2　调节器

块类型	型号	名称
调节器	PID	PID调节器块
	PI-HLD	采样PI调节器块
	PID-BSW	带批量开关的PID调节器块
	ONOFF	两位式ON-OFF调节器块
	ONOFF-G	三位式ON-OFF调节器块
	PID-TP	时间比例：ON-OFF调节器块
	PD-MR	带手动重定位的PD调节器块
	PI-BLEND	混合PI调节器块
	PID-STC	自整定PID调节器块
	STLD	YS累加器块

PID调节模块是最常用的一种控制功能块，它依据现场过程值（PV）和设定值（SV）之间的偏差，进行比例-积分-微分的调节，来满足控制需求。

2.液位单回路PID控制组态

选择FCS0101里的FOUNTION BLOCK，并双击DR0001进入。进入组态画面以后，按下面的步骤进行操作。

① 选择模型类型：PID，如图4-3-17所示。

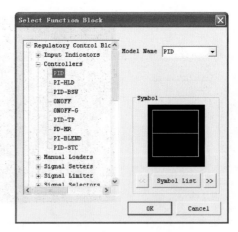

图4-3-17　模块选择

② 输入工位名称：LIC-51501。

③ 填写相关属性，右击PID模块，进入属性界面，如图4-3-18所示。

④ 模块细节定义，定义正反作用等属性。右击LIC51501模块，选择Edit Detail，如图4-3-19所示。

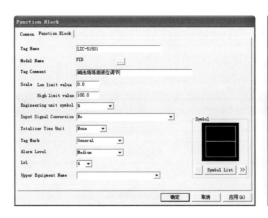

图4-3-18　属性设置　　　　　　　　　　　　图4-3-19　细节编辑

在Control Action里选择REVERSE，如图4-3-20所示。

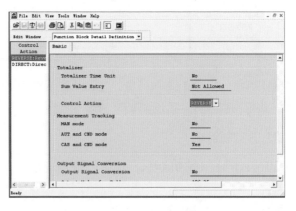

图4-3-20　正反作用设置

⑤ 生成连接模块，输入卡件通道地址，并进行连线操作，完成如图4-3-21所示。

笔记

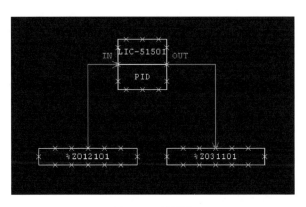

图4-3-21　连接操作

四、机泵控制

1.顺序控制的概念

根据预先指定的条件和指令一步一步地实现控制的过程为顺序控制。顺序控制的应用分为以下两种情况。

① 条件控制：根据事先指定的调教，对过程状态进行监视和控制。

② 程序控制：根据事先编好的程序执行控制。

2.功能块介绍

（1）顺控表块

顺控表块是通过操作其他功能块、过程I/O、软件I/O来实现顺序控制。顺控表块主要有2种：ST16（顺控表块）和ST16E（规则扩展块）。

（2）逻辑块

逻辑块是通过逻辑符号的互连来实现顺序控制要求。逻辑块代号：LC64，其中可以有32个输入、32个输出和64个逻辑符号。

（3）SFC块

SFC块是通过在顺控功能图中进行程序语言描述的方法来实现顺控要求。SFC块主要有3类：_SFCSW（3位置开关SFC块），_SFCPB（按钮SFC块），_SFCAS（模拟SFC块）。

（4）开关仪表块

开关仪表块用于监视和操作阀门、电机和泵等设备的开/关或启/停。这类仪表通常和顺控表块联合使用。

3.机泵控制组态

当联锁投入时塔底液位大于等于设定值A（设定值为液位上限的75%，延时5s）机泵自启。当联锁投入时塔底液位小于等于设定值B（设定值为量程上限的15%时，延时5s）机泵自停。

逻辑块的生成与常规控制模块一样，必须在Control Drawing中完成。

① 生成逻辑块　在System View窗口中，双击Conrol Drawing文件，如图4-3-22所示。

Opened Folder : FUNCTION_BLOCK

Name	Type	Modified	Com...
DR0001	Control Drawing	2019/02/06 11:09	
DR0002	Control Drawing	2019/02/06 11:09	
DR0003	Control Drawing	2019/02/06 11:09	
DR0004	Control Drawing	2019/02/06 11:09	
DR0005	Control Drawing	2019/02/06 11:09	
DR0006	Control Drawing	2019/02/06 11:09	
DR0007	Control Drawing	2019/02/06 11:09	
DR0008	Control Drawing	2019/02/06 11:09	
DR0009	Control Drawing	2019/02/06 11:09	
DR0010	Control Drawing	2019/02/06 11:09	
DR0011	Control Drawing	2019/02/06 11:09	
DR0012	Control Drawing	2019/02/06 11:09	
DR0013	Control Drawing	2019/02/06 11:09	
DR0014	Control Drawing	2019/02/06 11:09	
DR0015	Control Drawing	2019/02/06 11:09	

图4-3-22　DR图

② 选择功能块绘制按钮，在功能块选择对话框中选择LC64。绘制一个名称为JBKZ的逻辑块，如图4-3-23所示。

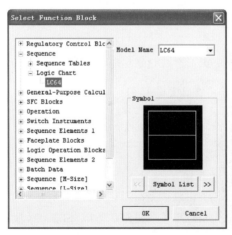

图4-3-23　LC64模块

图4-3-24　细节编辑

③ 进入逻辑块详细编辑框，如图4-3-24所示。选中JBKZ模块，右击弹出菜单选择Edit Detail，进入逻辑块详细编辑窗。逻辑描述区是一个有32行（1-32）、26列（A-Z）的矩阵。在这个区域内通过使用逻辑元素符号来描述逻辑关系，如图4-3-25所示。

④ 模块选择，如图4-3-26、图4-3-27所示，输入输出模块被调用出来如图4-3-28所示。

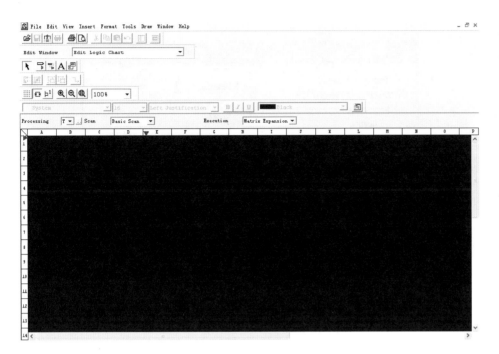

图4-3-25　编辑画面

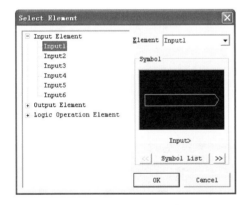

图4-3-26　输入模块选择

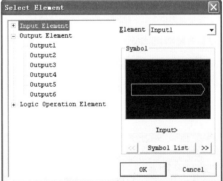

图4-3-27　输出模块选择

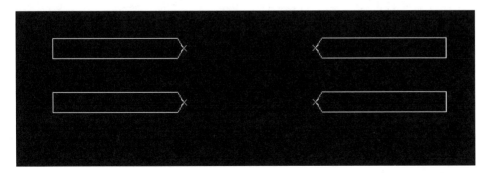

图4-3-28　输入输出模块

⑤ 模块选择，选择相应的逻辑模块，如AND等，如图4-3-29所示。

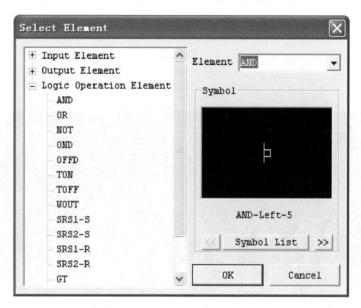

图4-3-29 逻辑模块选择

⑥ 逻辑块输入信号的描述在输入元素符号中指定，有3部分内容需要填写，分别是：Tag Name、Data Item和Data。Tag Name：指定输入信号的来源对象，即工位名称。Data Item：指定输入信号的具体数据项。Data：指定输入信号的具体判断条件，可指定阀门的开/关状态、泵的启/停状态、仪表报警状态等。逻辑块的输入元素符号中，其他功能块的各种数据、模块方式和状态科被参照引用。过程I/O、软件I/O和通讯I/O业可被参照引用。输入输出模块描述填写完毕，并且连线完成，如图4-3-30所示。

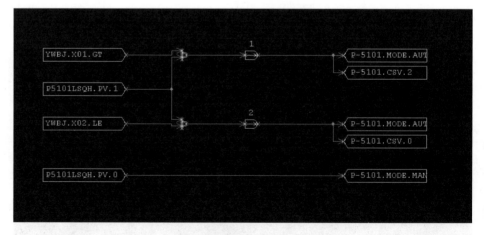

图4-3-30 连接操作

任务 4

操作站组态

【学习目标】

知识点 ▸▸

知识点1：应知工具箱基本元素　　　知识点2：应知基本图形元素

知识点3：应知基本动画概念

技能点 ▸▸

技能点1：应会静态图形设计　　　技能点2：应会基本动画组态

技能点3：应会按钮组态

【任务导入】

在工业生产过程中，按钮、罐体、阀门、水泵、管道、指示灯等应用非常普遍。基于案例工程描述，控制要求是基于各类设备来实现的，因此，本任务主要完成设备图符和文字说明等静态图形设计和动态属性设置两个环节。

【任务分析】

动画显示组态分为静态图形设计和动态属性设置两个过程，即通过CENTUM组态软件中提供的基本图形元素及属性功能，在操作站内设计案例工程的工艺画面；基于静态图形，设置图形的动态显示属性和数据连接。

1.静态图形设计

即静态画面编辑，包括了基本设备图符和文字说明等内容，主要内容如下。

① 图形制作，包括水泵，进料阀，调节阀管道，启动按钮等。

② 文字说明，包括设备名称，工程名称等。

2.动态属性设置

① 定义数据对象。

② 报警动态显示。

③ 图形填充。

④ 按钮组态示。

【任务实施】

一、趋势组态

① 选中HIS0164里的CONFIGRUATION，选择TR0001右击进入属性，如图4-4-1所示，进行参数设置，采样时间选择1Minute。

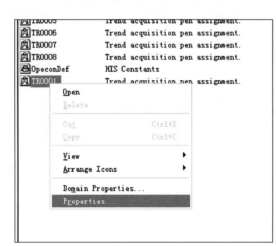

图4-4-1　趋势设置

② 定义好属性后，双击DR0001进入组态界面，如图4-4-2所示，填写相应位号，如图4-4-2所示。

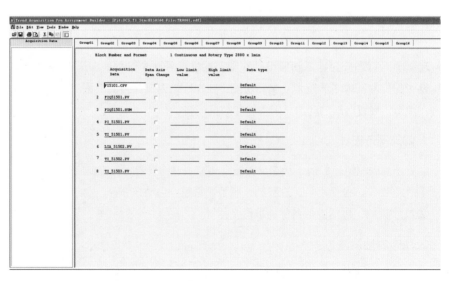

图4-4-2　编辑界面

二、流程图组态

HIS中的图形窗口是用于操作和监视使用。共有四种类型：总貌窗口（Overview）、控制分组（Control）、流程图窗口（Graphic)、趋势窗口（Trend）。CS3000系统的图形窗口共有4000张，其中的趋势窗口最多800张。流程图窗口对于生产的操作和监视是非常重要的。它包括了基本的工艺流程及现场的过程数据、颜色变化等功能。每个窗口有400个动态数据的容量，每个目标有8个色变条件，每个窗口有200个色变条件，每个窗口有50个数据表达式，每个窗口有400个触屏，每个窗口有64个总貌块、总貌色变、总貌闪烁。

1.流程图的创建

① 系统初始状态下，每个HIS只具有1张流程图，通常都要再创建多张。选中项目中的HIS0164里的Windows并右击Create New，选择Window，这样就得到了一个流程图，如图4-4-3所示，并进行流程图设置，如图4-4-4所示。

资源4.4
录屏-静态图形
组态操作

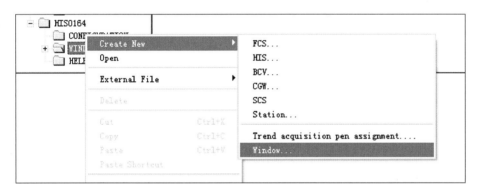

图4-4-3　创建流程图

② 双击进入流程图组态界面，整体的界面如图4-4-5所示。

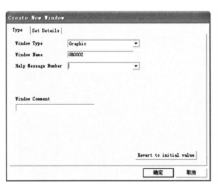

图4-4-4　流程图设置

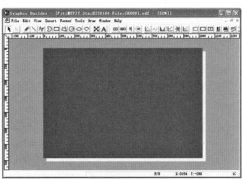

图4-4-5　流程图编辑界面

③ 定义流程图的尺寸，在流程图菜单里选择File中的Properties，得到操作界面如图4-4-6所示。系统定义了几个标准的尺寸，具体尺寸如下：1600*1072；1280*858；1024*686（系统默认设置）；800*536；640*429；当然也可以人为输入数值，进行尺

寸的特殊指定。窗口底色共有256种颜色可供选择，它是流程图的底图颜色，通常情况下选用黑色的居多。

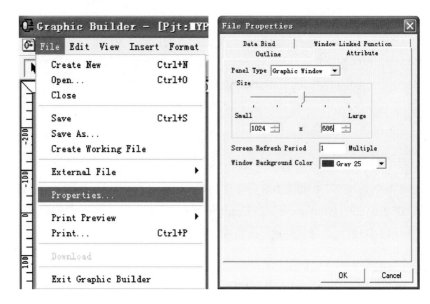

图4-4-6　流程图定义

④ 流程图的绘制。制作流程图的时候，通常先依据设计方所提供的工艺图纸，画出基本的框架图（静态图形），在此基础之上，再添加动态数据、色变、操作按钮等，最终完成图形的制作，如图4-4-7所示。

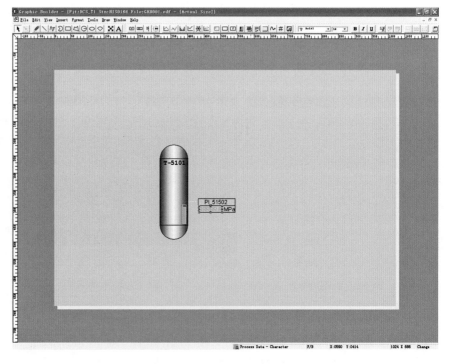

图4-4-7　静态流程图

2.数据动态属性组态

报警颜色：高报红色，低报黄色，达到报警值时会显示闪烁。

① 选中PI51502动态数据，如图4-4-8所示，右击选择属性，弹出对话框，进入属性界面。选择Process Data-Character，Display Format栏里对数据类型、数据格式等进行定义设置。

按照项目要求，设置如图4-4-9所示。Data Type选择Process data，Display Data里填写PI_51502.PV。

资源4.5
微课-动态特性

图4-4-8　数据属性

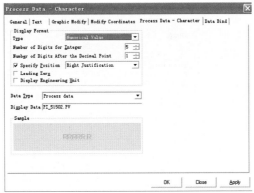

图4-4-9　属性界面

② 完成数据变量定义后，对数据闪烁变色属性组态。选中PI51502动态数据，右击选择属性，弹出对话框，进入属性界面。选择Graphic Modify，设置Change Type为Always Execute。Blink选择Yes，代表闪烁；颜色选择红色；Conditional Formula输入PI_51502.ALRM="HI"，代表报警值等于高限。条件设定好后点击Add，完成添加。如图4-4-10所示。

③ Blink选择Yes，代表闪烁；颜色选择黄色；Conditional Formula输入PI_51502.ALRM="LO"，代表报警值等于高限。条件设定好后点击Add，完成添加，如图4-4-11所示。

笔记

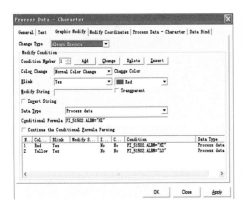

图4-4-10　动态属性界面1

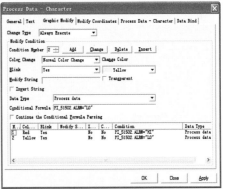

图4-4-11　动态属性界面2

3.图形动态显示组态

① 选中棒图右击进入属性设置界面Process Data-Bar，选择Fill，Fill Type选择Fill，填充颜色设置为Green，如图4-4-12所示。

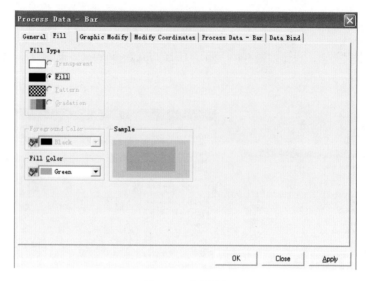

图4-4-12　填充设置

② 选择Process Data-Bar，填充方向设置为Up，参考点设为0 Point，数据类型选择Prodata data，数据显示选择LICA_51501.PV，并设定低限高限，如图4-4-13所示。完成界面如图4-4-14。

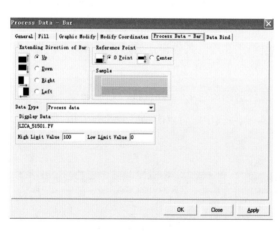

图4-4-13　Bar设置

图4-4-14　完成界面

4.按钮组态

选择按钮后，如图4-4-15，进行定义：清零。右击按钮进入按钮属性界面，Function type 选择Instrument Command Operation，Data Type选择Process Data，Data输入FIQ51501.SUM，Acknowledgment选择With Confirmation，命令值为0，从而完成清零功能的设置，如图4-4-16所示。流程图完成界面如图4-4-17所示。

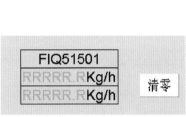

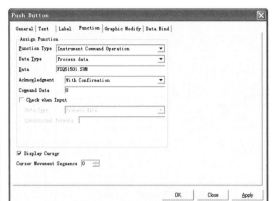

图4-4-15　按钮定义　　　　　　　　　　　图4-4-16　按钮属性设置

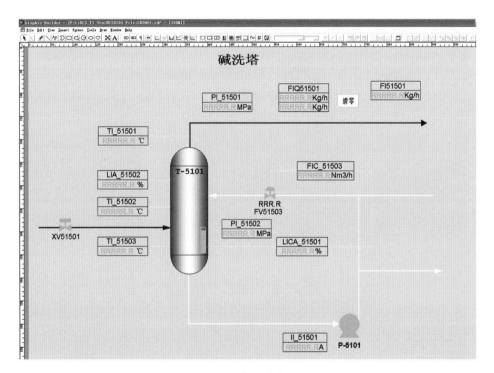

图4-4-17　流程图完成界面

5.HIS虚拟测试

① 选择要进行测试的FCS，即FCS0101，如图4-4-18所示。

② 右击FCS0101，弹出菜单，选择FCS里的Test Function，会出现对话框，要求选择进入测试的HIS，如图4-4-19所示。

③ 等待系统自动完成测试窗口的显示，连接文件的生成和下载。此期间不用人为干预。进入测试以后就可以模拟现场情况进行软件的调试。测试成功的界面如图4-4-20所示。

资源4.6
微课 - 虚拟测试

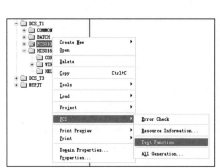

图4-4-18　创建测试

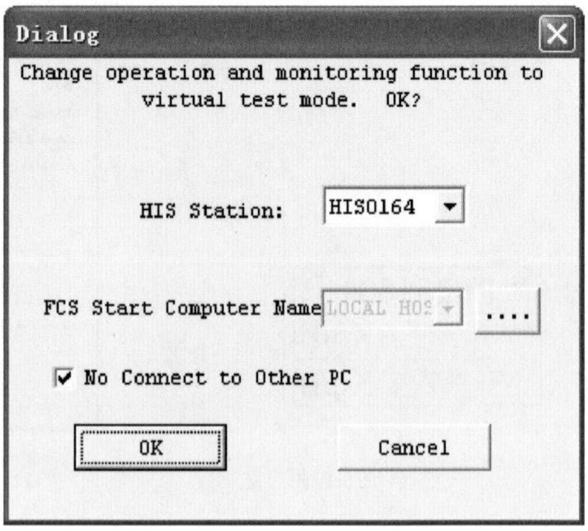

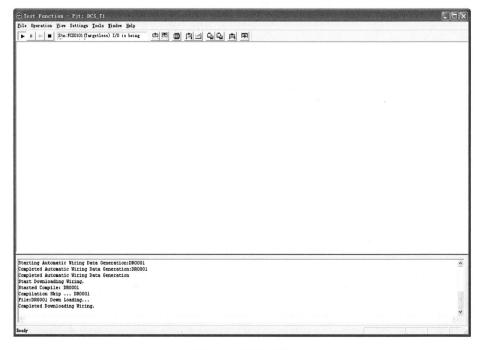

图4-4-19　HIS选择

图4-4-20　连接成功界面

④ 在菜单里选择NAME，弹出对话框后，输入GR0001，弹出流程图，如图4-4-21所示，可以完成仿真测试。

⑤ 关闭测试窗口时，系统询问是否存储测试环境和数据库，根据需要进行选择，如图4-4-22所示。

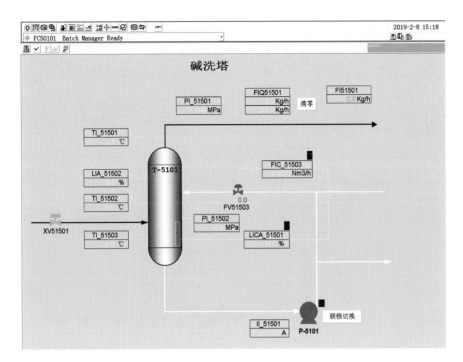

图 4-4-21　流程图测试界面

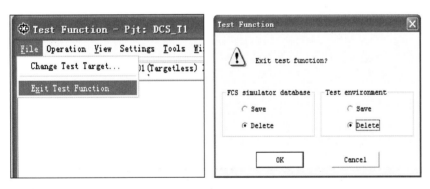

图 4-4-22　退出测试

任务5

CENTUM拓展项目

【小试牛刀】

完成给水泵的顺控功能，方案如图4-5-1所示。

资源 4.7
微课 - 水泵顺控

乙给水泵控制方案图：

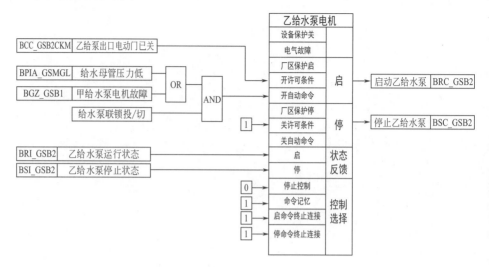

图4-5-1　水泵顺控方案

资源4.8
微课-串级控制

【融会贯通】

前述"碱洗塔系统"案例工程，主要基于PID模块进行单回路自动控制组态学习，在此，引入串级控制方法，拓展学习基于双PID的循环碱液流量自动化控制的组态实施。控制要求：LT51501、FT51503为测量端，FV_51503为控制端，实现串级控制。

【照猫画虎】

某除氧器给水系统工艺流程如图4-5-2所示。

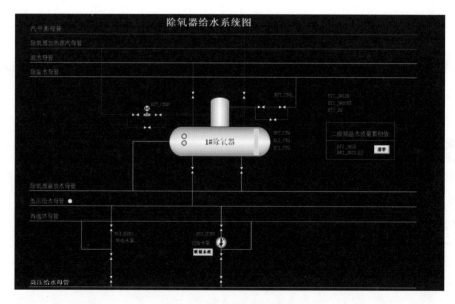

图4-5-2　除氧器给水系统流程图

一、系统配置要求

① 设置一台现场控制站FCS0103，用作系统组态。

② 设置一台工程师站HIS0164，用作程序组态和仿真运行。

③ 根据表4-5-1测点清单配置硬件组态。

④ 组态工程名为除氧器给水系统，工程说明"CENTUM"。

二、系统组态要求

1.测点组态

按照测点清单表4-5-1进行数据库整理完成。

表4-5-1　除氧器给水系统测点清单

序号	点名	汉字说明	下限	上限	单位	信号类型
AI（模拟量输入点）						
1	BFI_JWS2	二级减温水流量	0	10	t/h	4～20mA
2	BCI_GSB1	甲给水泵电流	0	100	A	4～20mA
3	BCI_GSB2	乙给水泵电流	0	100	A	4～20mA
4	BZT_CYQL	除氧器水位调节阀位反馈	0	100	%	4～20mA
5	BZT_CYQP	除氧器压力调节阀位反馈	0	100	%	4～20mA
6	BZT_JW2	二级减温调节阀位反馈	0	100	%	4～20mA
7	BLI_CYQ	除氧器水位	0	3300	mm	4～20mA
8	BPI_CYQ	除氧器压力	0	1	MPa	4～20mA
1	BTI_CYQ	除氧器温度	0	300	℃	4～20mA
2	BTI_JW2IN	二级减温器入口蒸汽温度	0	600	℃	4～20mA
3	BTI_JW2OUT	二级减温器出口蒸汽温度	0	600	℃	4～20mA
4	BTI_ZQ	主蒸汽温度	0	600	℃	4～20mA
5	RTD_10_02_05	备用	0	100	℃	4～20mA
6	RTD_10_02_06	备用	0	100	℃	4～20mA
7	RTD_10_02_07	备用	0	100	℃	4～20mA
8	RTD_10_02_08	备用	0	100	℃	4～20mA
AO（模拟量输出点）						
1	BVC_CYQL	除氧器水位调节阀控制信号	0	100	%	4～20mA
2	BVC_CYQP	除氧器压力调节阀控制信号	0	100	%	4～20mA
3	BVC_JW2	二级减温调节阀控制信号	0	100	%	4～20mA
4	AO_10_03_04	备用	0	100	%	4～20mA
5	AO_10_03_05	备用	0	100	%	4～20mA
6	AO_10_03_06	备用	0	100	%	4～20mA
7	AO_10_03_07	备用	0	100	%	4～20mA
8	AO_10_03_08	备用	0	100	%	4～20mA

序号	点名	汉字说明	下限	上限	单位	信号类型
DI（开关量输入点）						
1	BRI_GSB1	甲给水泵运行状态				DI
2	BSI_GSB1	甲给水泵停止状态				DI
3	BGZ_GSB1	甲给水泵电机故障				DI
4	BOI_GSB1CKM	甲给泵出口电动门已开				DI
5	BCI_GSB1CKM	甲给泵出口电动门已关				DI
6	BHX_GSB1CKM	甲给泵出口电动门远方/就地				DI
7	BRI_GSB2	乙给水泵运行状态				DI
8	BSI_GSB2	乙给水泵停止状态				DI
9	BGZ_GSB2	乙给水泵电机故障				DI
10	BOI_GSB2CKM	乙给泵出口电动门已开				DI
11	BCI_GSB2CKM	乙给泵出口电动门已关				DI
12	BHX_GSB2CKM	乙给泵出口电动门远方/就地				DI
13	BPIA_GSMGL	给水母管压力低				DI
14	BLIA_CYQH	除氧器水位高I值				DI
15	BLIA_CYQHH	除氧器水位高II值				DI
16	DI_10_04_16	备用				DI
DO（开关量输出点）						
1	BRC_GSB1	启动甲给水泵				DO
2	BSC_GSB1	停止甲给水泵				DO
3	BOC_GSB1CKM	开甲给泵出口电动门				DO
4	BCC_GSB1CKM	关甲给泵出口电动门				DO
5	BRC_GSB2	启动乙给水泵				DO
6	BSC_GSB2	停止乙给水泵				DO
7	BOC_GSB2CKM	开乙给泵出口电动门				DO
8	BCC_GSB2CKM	关乙给泵出口电动门				DO
9	DO_10_05_09	备用				DO
10	DO_10_05_10	备用				DO
11	DO_10_05_11	备用				DO
12	DO_10_05_12	备用				DO
13	DO_10_05_13	备用				DO
14	DO_10_05_14	备用				DO
15	DO_10_05_15	备用				DO
16	DO_10_05_16	备用				DO

① 整理并录入输入输出测点，要求保存（编译）无误。

② 模拟量信号输入高报值为量程上限的90%，低报值为量程上限的10%，设置需

笔 记

要保存，报警颜色：高报红色，低报黄色。

2.控制站算法组态

① 根据如下要求编写公式（其中FS、K、P1、DP、T为变量名称）

FS=K*SQRT[(182.5*P1*DP)/(T+166.7-0.56*P1)]（公式需要在计算块中分解）

② 编写公式对二级减温水流量进行累积计算：使用PVI功能块设置累积功能，并且可以手动复位，同时当流量累积达到10000T/h后自动复位，累计值变量定义为"BFI_JWS2_LJ"定义命名为"二级减温水流量累积值"上传至画面显示，具体位置参考流程图画。

③ 编写对除氧器压力信号进行单回路自动调节的方案，如图4-5-3所示。

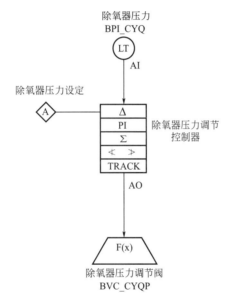

图4-5-3　除氧器压力控制方案图

3.流程图画面组态

① 完成除氧器给水系统流程图画面组态，如图4-5-2所示。并在此画面上以棒图形式显示除氧器液位，并显示除氧器水位BLI_CYQ、压力BPI_CYQ、温度BTI_CYQ。

② 要求在操作画面上能够调出所有设计操作要求的仪表面板。

③ 在流程图上显示如下数据：BFI_JWS2、BCI_GSB1、BCI_GSB2、BZT_CYQL、BZT_CYQP、BTI_JW2IN、BTI_JW2OUT、BTI_ZQ、BPIA_GSMGL、BLIA_CYQH、BLIA_CYQHH测量值及工程单位，以及调节阀BVC_CYQP和泵电流BCI_GSB1、BCI_GSB2。

4.组态仿真

控制算法组态保存（编译）通过，打开仿真器，进行项目仿真调试运行。

参考文献

[1] 朱益江. MCGS工控组态技术及应用[M]. 武汉：华中科技大学出版社，2017.

[2] 张文明，刘志军. 组态软件控制技术[M]. 北京：清华大学出版社，2006.

[3] 李江全. 组态控制技术实训教材[M]. 北京：机械工业出版社，2017.

[4] 廖常初. 西门子人机界面（触屏版）组态与应用技术. 第2版. [M]. 北京：机械工业出版社，2012.

[5] 薛迎成. 工控机及组态控制技术原理与应用. 第2版. [M]. 北京：中国电力出版社，2011.

[6] 陈志文. 组态控制实用技术[M]. 北京：机械工业出版社，2012.